Linda Djouablia

La méthode spéctrale appliquée au antennes patch triangulaires

Linda Djouablia

La méthode spéctrale appliquée au antennes patch triangulaires

Méthode Analytique

Presses Académiques Francophones

Impressum / Mentions légales

Bibliografische Information der Deutschen Nationalbibliothek: Die Deutsche Nationalbibliothek verzeichnet diese Publikation in der Deutschen Nationalbibliografie; detaillierte bibliografische Daten sind im Internet über http://dnb.d-nb.de abrufbar.

Alle in diesem Buch genannten Marken und Produktnamen unterliegen warenzeichen-, marken- oder patentrechtlichem Schutz bzw. sind Warenzeichen oder eingetragene Warenzeichen der jeweiligen Inhaber. Die Wiedergabe von Marken, Produktnamen, Gebrauchsnamen, Handelsnamen, Warenbezeichnungen u.s.w. in diesem Werk berechtigt auch ohne besondere Kennzeichnung nicht zu der Annahme, dass solche Namen im Sinne der Warenzeichen- und Markenschutzgesetzgebung als frei zu betrachten wären und daher von jedermann benutzt werden dürften.

Information bibliographique publiée par la Deutsche Nationalbibliothek: La Deutsche Nationalbibliothek inscrit cette publication à la Deutsche Nationalbibliografie; des données bibliographiques détaillées sont disponibles sur internet à l'adresse http://dnb.d-nb.de.

Toutes marques et noms de produits mentionnés dans ce livre demeurent sous la protection des marques, des marques déposées et des brevets, et sont des marques ou des marques déposées de leurs détenteurs respectifs. L'utilisation des marques, noms de produits, noms communs, noms commerciaux, descriptions de produits, etc, même sans qu'ils soient mentionnés de façon particulière dans ce livre ne signifie en aucune façon que ces noms peuvent être utilisés sans restriction à l'égard de la législation pour la protection des marques et des marques déposées et pourraient donc être utilisés par quiconque.

Coverbild / Photo de couverture: www.ingimage.com

Verlag / Editeur:
Presses Académiques Francophones
ist ein Imprint der / est une marque déposée de
OmniScriptum GmbH & Co. KG
Heinrich-Böcking-Str. 6-8, 66121 Saarbrücken, Deutschland / Allemagne
Email: info@presses-academiques.com

Herstellung: siehe letzte Seite /
Impression: voir la dernière page
ISBN: 978-3-8381-4302-6

Copyright / Droit d'auteur © 2014 OmniScriptum GmbH & Co. KG
Alle Rechte vorbehalten. / Tous droits réservés. Saarbrücken 2014

AVANT - PROPOS

La technique des circuits imprimés, qui a révolutionné le domaine de l'électronique, s'est étendue à celui des hyperfréquences. Les antennes imprimées sont donc apparues pour tenir compte à la fois des systèmes de communications et du contexte d'utilisation. Ces structures sont complexes du point de vue électromagnétique, par suite de leur caractère inhomogène. Des modèles simplifiés et des techniques avancées ont été développés au cours des années pour leur étude. Ce type d'antennes offre plusieurs avantages qui ne sont pas exhibés par d'autres configurations d'antennes, dont leur faible coût de revient, le faible poids, les hautes performances et la facilité de mise en œuvre d'une part. D'autre part, une antenne imprimée présente un faible rendement et une bande passante étroite.

Cet ouvrage représente une étude donnant les caractéristiques d'une antenne microruban à élément rayonnant de forme triangle équilatéral et développer des programmes de calcul de la fréquence de résonance et du champ rayonné basé sur une technique analytique combinée avec la méthode des moments dans le domaine spectral. Cette approche va permettre par la suite l'analyse des structures rayonnantes de forme rectangulaire et triangulaire implantées sur un substrat isotrope et uniaxialement anisotrope monocouche, bi-couches et tri-couches. Nous allons également introduire un ajustable gap d'air entre le plan de masse et le substrat diélectrique afin d'améliorer les performances de l'antenne par un moyen simple et non couteux. L'étude sera élargie à l'introduction du gap d'air au milieu du substrat considéré afin d'éviter le contact air-métal. L'effet du gap d'air et l'effet de l'anisotropie uniaxiale seront testé pour chaque structure sur le comportement de la fréquence de résonance, la bande passante et par ailleurs le rayonnement de l'antenne microruban rectangulaire et triangulaire tout en essayant de faire une comparaison.
Notre étude est une exploration de la technique du domaine spectral. Cette méthode en effet est un outil très performant pour la résolution des problèmes

électromagnétiques liés aux structures planaires. En partant des équations de Maxwell et en appliquant les transformées de Fourier, nous aboutissons aux équations intégrales, les conditions aux bords de la structure sont également pris en compte. Ces équations expriment une relation entre les composantes du champ, la distribution des courants surfaciques, et les fonctions de Green que nous avons calculé analytiquement. La méthode des moments permet la résolution de ces équations en choisissant un ensemble de fonctions de base convenable. Les transformées de Fourier de ces fonctions ont été calculées analytiquement en se basant sur une méthode mathématique appelée « Méthode de l'élément de référence » en raison de la complexité de la géométrie. L'application de la procédure de Galerkin nous a permis d'aboutir enfin à un système d'équations linéaires et homogènes à partir desquelles nous avons calculé la fréquence de résonance de l'antenne, et substituer la bande passante et le tracé du champ rayonné en zones lointaines. Une confirmation de nos résultats à ceux reportés en littérature va nous permettre par la suite de valider l'efficacité des structures proposées et de l'approche utilisée pour leur caractérisation.

Constantine, le 25 juin 2014

TABLE DES MATIERES

Chapitre I : Généralités sur les antennes microrubans

I-1 INTRODUCTION	1
I-2 DESCRIPTION D'UNE ANTENNE MICRORUBAN	1
I-3 FONTIONNEMENT D'UNE ANTENNE MICRORUBAN	2
I-4 DESCRIPTION DES ELEMENTS CONSTITUTIFS D'UNE ANTENNE MICRORUBAN	3
I-4-a Les couches métalliques	3
I-4-b Le substrat	4
I-5 L'ANTENNE A PLAQUE TRIANGULAIRE	5
I-5-a Mécanisme de rayonnement d'une antenne à plaque de forme triangle équilatéral	5
I-5-b Exemple de fabrication d'une antenne à plaque de forme triangle équilatéral	6
I-6 ALIMENTATION DES ANTENNES MICRORUBANS	6
I-7 INFLUENCE DES ONDES DE SURFACE	8
I-8 BIBLIOGRAPHIE DU CHAPITRE I	10

Chapitre II : Rappel sur les modèles et les méthodes d'analyse des antennes microrubans

II-1 INTRODUCTION	13
II-2 MODELE EN LIGNE DE TRANSMISSION	15
II-3 ANALYSE MODALE	16
II-4 TECHNIQUE DES FONCTIONS DE GREEN	16
II-4-1 La méthode FDTD	17
II-4-2 La méthode des moments (MoM)	18
II-5 FACTEUR DE PERTES ET RENDEMENT DE L'ANTENNE MICRORUBAN	21
II-5-1 Effet des pertes dans la plaque rayonnante	22
II-5-2 Effet des pertes dans le diélectrique	23
II-5-3 Effet des pertes par rayonnement	23
II-6 ALGORITHME DE CALCUL DE LA FREQUENCE DE RESONANCE D'UNE ANTENNE MICRORUBAN RECTANGULAIRE (OU TRIANGULAIRE)	24
II-6-1 Programme principal	24
II-6-2 Sous-programme 1	26

II-6-3 Sous-Programme 2	27
II-6-4 Sous-Programme 3	28
II-7 BIBLIOGRAPHIE DU CHAPITRE II	28

Chapitre III : Mise en équation du problème

III-1 INTRODUCTION	32
III-2 ETUDE THEORIQUE ET DEFINITION DU PROBLEME	33
III-2-1 Equations de maxwell et conditions aux limites	34
III-2-2 Potentiels vecteur et scalaire	37
III-2-3 La fonction de Green	39
III-2-3-a La fonction de Green pour un potentiel vecteur	39
III-2-3-b La fonction de Green pour un potentiel scalaire	42
III-2-3-c Les champs et les potentiels	43
III-2-4 Equation intégrale et fonctions de base	44
III-2-5 Choix de l'excitation et calcul de l'impédance d'entrée	46
III-2-6 L'énergie rayonnée	48
III-3 APPLICATION A L'ANTENNE EQUITRIANGULAIRE ET COMBINAISON AVEC LA MoM DANS LE DOMAINE SPECTRAL	49
III-3-1 Transformée vectorielle de Fourier	50
III-3-2 Evaluation du tenseur spectral de Green	51
III-3-2-a Cas d'un substrat isotrope	56
III-3-2-a-a1 Structure avec une seule couche	57
III-3-2-a-a2 Structure avec deux couches	58
III-3-2-a-a3 Structure avec trois couches	59
III-3-2-b Cas d'un substrat uniaxialement anisotrope	61
III-3-4 Choix des fonctions de base	
III-3-5 Calcul de la transformée de Fourier des densités de courant circulant sur un patch équitriangulaire	63
III-3-6 Equation intégrale du champ électrique	64
III-3-7 Solution de l'équation intégrale par la méthode des moments	65
III-4 BIBLIOGRAPHIE DU CHAPITRE III	67

Chapitre IV : Résultats numériques et discussions

IV-1 INTRODUCTION	71
IV-2 ETUDE D'UNE ANTENNE PATCH EQUITRIANGULAIRE IMPLANTEE	

SUR UN SUBSTRAT MONOCOUCHE..................72

IV-2-1 Effet de l'épaisseur et de la permittivité d'un substrat isotrope sur la fréquence de résonance et la bande passante.......... 73

IV-2-2 Effet des dimensions du patch sur la fréquence de résonance et la bande passante.. 77

IV-2-3 Effet de l'anisotropie uniaxiale sur la fréquence de résonance et la bande passante. 80

IV-2-4 Comportement du rayonnement de l'antenne en fonction de ses paramètres........... 82

IV-3 ETUDE D'UNE ANTENNE PATCH EQUITRIANGULAIRE IMPLANTEE SUR UN SUBSTRAT BI-COUCHES ET EFFET DU GAP D'AIR.......... 89

IV-3-1 Effet de la permittivité équivalente et du gap d'air sur la fréquence de résonance... 89

IV-3-2 Effet du gap d'air sur la bande passante.......... 92

IV-3-3 Effet conjugué gap d'air-anisotropie uniaxiale.......... 92

IV-4-4 Comportement du rayonnement de l'antenne bi-couches avec gap d'air.......... 93

IV-4 ETUDE D'UNE ANTENNE PATCH EQUITRIANGULAIRE IMPLANTEE SUR UN SUBSTRAT TRI-COUCHES ET EFFET DU GAP D'AIR AU MILIEU...... 96

IV-4-1 Effet de la permittivité équivalente et du gap d'air sur la fréquence de résonance... 96

IV-4-2 Effet du gap d'air sur la bande passante.......... 100

IV-4-3 Comportement du rayonnement de l'antenne tri-couches avec gap d'air au milieu du substrat.......... 101

IV-5 COMPARAISON ENTRE L'ANTENNE MICRORUBAN RECTANGULAIRE ET L'ANTENNE MICRORUBAN EQUITRIANGULAIRE.......... 103

IV-5-1 Comparaison entre les fréquences de résonances.......... 104

V-5-2 Effet du gap d'air et comparaison.......... 105

IV-5-3 Effet de l'anisotropie uniaxiale du substrat et comparaison.......... 107

IV-6 BIBLIOGRAPHIE DU CHAPITRE IV.......... 109

ANNEXEX 112

Chapitre I

Généralités sur les antennes microrubans

I-1 INTRODUCTION

Les antennes microrubans (imprimées, à élément rayonnant, plaquées, ou même patch ou microstrip en anglais) sont apparues dans les années cinquante et ont été développées au cours des années soixante dix. Cependant plusieurs recherches ont été menées pour arriver à une antenne microruban optimale pouvant répondre aux exigences de l'industrie des télécommunications pour des applications aéronautiques, aérospatiales et militaires. Ce type d'antennes s'adapte facilement aux surfaces planes et non planes et présentent une grande robustesse et flexibilité lorsqu'il est monté sur des surfaces rigides. Les antennes imprimées sont également très performant en termes de résonance, d'impédance d'entrée et de diagramme de rayonnement. Les inconvénients majeurs des antennes microrubans résident dans leur faible pureté de polarisation et une bande passante étroite [I.1].

I-2 DESCRIPTION D'UNE ANTENNE MICRORUBAN

Une antenne microruban conventionnelle consiste en une paire de couches conductrices (le plan de masse et l'élément de rayonnement) disposées en parallèles et séparées par un substrat (figure I.1). Elle est conçue telle que le maximum de son diagramme de rayonnement est normal à l'élément rayonnant [I.2].

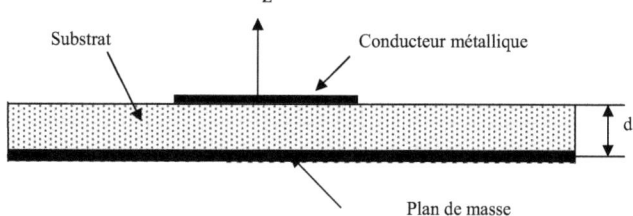

Figure I.1 : Constitution d'une antenne microruban (coupe transversale).

Selon l'utilisation, on peut trouver plusieurs formes d'éléments rayonnants, différents types de substrats ou encore différents types d'alimentations.

De nombreux paramètres permettent donc de classer ces antennes en différentes grandes catégories. Généralement, elles sont définies en terme de dimension et de longueur d'onde comme étant possédant des propriétés ' d'étroitesse' [I.3].

I-3 FONTIONNEMENT D'UNE ANTENNE MICRORUBAN

Dans son fonctionnement usuel, une antenne imprimée sur substrat diélectrique peut être considérée en première approximation comme une cavité résonante imparfaite, présentant des murs magnétiques verticaux à pertes et des murs électriques horizontaux. Pour des fréquences appelées 'de résonance', cette cavité emmagasine de l'énergie électromagnétique selon un ensemble de modes de type TMmn [I.4]. Le rayonnement résultant de cette structure se traduit par des pertes qui s'opèrent au niveau des murs magnétiques. Une partie du signal émis est réfléchie par le plan de masse, puis par le conducteur supérieur et ainsi de suite. La forme et l'orientation des lignes de champs entre les bords de la plaque rayonnante et le plan de masse caractérisent les directions privilégiées du champ rayonné. En général, le mode fondamentale est considéré comme étant le mode de fonctionnement de ce type d'antennes. Ce mode emporte le maximum d'énergie et se caractérise par une répartition du champ électrique en dessous de l'élément rayonnant dont une dimension au moins est égale à une demi-longueur

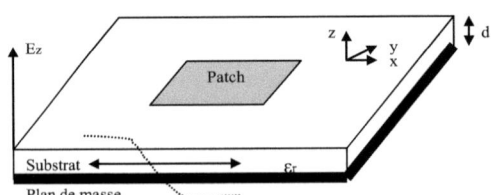

Figure I.2 : Antenne imprimée fonctionnant sur son mode fondamental

d'onde (figure I.2). Les courants surfaciques qui sont produits sur l'élément métallique sont dirigés selon l'axe de symétrie passant par le point d'excitation [I.5].

I-4 DESCRIPTION DES ELEMENTS CONSTITUTIFS D'UNE ANTENNE MICRORUBAN

Une antenne microruban est constituée d'une couche métallique d'épaisseur très fine (très inférieure à la longueur d'onde dans le vide $\lambda 0$) placée sur un plan de masse métallique à une hauteur proportionnelle à la longueur d'onde comprise entre 0.003 $\lambda 0$ et $0.05\ \lambda 0$, et séparée par un substrat mince en matériau isolant, généralement ' un diélectrique '.

I-4-a Les couches métalliques

La métallisation dans les circuits microrubans peut être réalisée de deux manières fondamentalement différentes [I.6] :

- Par la technique de la sérigraphie : elle est utilisée pour des couches épaisses et consiste à déposer une pâte métallique sur la région que l'on souhaite recouvrir, à travers un masque définissant le circuit à réaliser. Cette méthode ne fournit en général pas une résolution suffisante aux hyperfréquences.

- Par des procédés photolithographiques : ils sont utilisés en hyperfréquences pour l'obtention de couches minces. Le métal recouvrant entièrement la face du substrat est recouvert d'une couche photosensible, que l'on expose à la lumière à travers le masque du circuit à réaliser après quoi une attaque chimique enlève le métal non désiré dans les régions exposées.

La couche inférieure de l'antenne imprimée joue le rôle d'un plan de masse parfaitement réflecteur, elle est souvent métallique et réalisée avec de très bon conducteurs : le cuivre ($\sigma=5,7\ 10^7$ S/m), l'argent ($\sigma=6,2\ 10^7$ S/m), et l'or ($\sigma=4,1\ 10^7$ S/m).

La couche supérieure peut comporter un ou plusieurs éléments métalliques qui s'appellent "éléments rayonnants, pavés, plaques rayonnantes ou patchs en anglais", son rôle principal consiste à rayonner l'énergie. Physiquement le patch est un conducteur mince (son épaisseur est souvent négligeable car elle est de l'ordre de quelques microns), et dans la plupart des applications pratiques il est de forme rectangulaire ou circulaire, mais en général d'autres géométries sont possibles à tester, dont la forme triangulaire.

Les matériaux les plus utilisés pour la réalisation des patchs sont généralement le cuivre, l'argent et l'or, mais d'autres matériaux et polymères conducteurs sont actuellement en étude. Les supraconducteurs ont prouvés une grande performance [I.7]. H.Rmili [I.8] a prouvé aussi la faisabilité de réaliser une antenne imprimée avec un patch en polyaniline (ou pani).

I-4-b Le substrat

La couche intermédiaire est le substrat diélectrique, son importance réside dans son influence directe sur la fréquence de résonance, la bande passante, et par conséquent le rayonnement de l'antenne, car une bonne partie des ondes susceptibles de se propager est retournée dans ce dernier, il s'agit des ondes guidées [I.3]. La sélection du matériau du substrat est basée sur les caractéristiques désirées de ce dernier pour des performances optimales selon la spécification et les classes des fréquences [I.9]. Les substrats doivent être de permittivité relative faible ($\varepsilon_r \leq 3$) de façon à permettre le rayonnement, et éviter le confinement des champs. La classe des valeurs de la constante diélectrique du substrat s'étale de 2.2 à 12 pour opérer aux fréquences allant de 1 à 100GHZ, et les matériaux les plus couramment utilisés sont des composites à base de téflon ($2 \leq \varepsilon_r \leq 3, et, tg\delta \approx 10^{-3}$), du polypropylène ($\varepsilon_r = 2.18, et, tg\delta = 3.10^{-4}$), ainsi que des mousses synthétiques contenant beaucoup de minuscules poches d'air ($\varepsilon_r = 10.3, et, tg\delta \approx 10^{-3}$) [I.5].

Actuellement les cristaux photoniques sont les plus favorisés pour les antennes imprimées et même pour d'autres applications en micro ondes, plusieurs travaux ont été menés et publiés dans ce sens. En 2002 Keith huie [I.10], a approuvé que les antennes avec substrat contenant des cristaux photoniques ou une structure composite, puissent réduire les ondes de surfaces et interdisent la formation des modes du substrat, et conduisent à réduire les lobes secondaires.

Les matériaux Chiraux [I.11] et le milieu bianisotropique généralisé [I.12] sont récemment utilisés pour les antennes imprimées et présentent certaines propriétés intéressantes et utiles, tel que l'amélioration de la directivité et la largeur de bande, le transfert de fréquences, le contrôle du modèle de radiation, et la réduction du volume de l'antenne pour une fréquence d'opération donnée. L'épaisseur du substrat est d'une importance considérable pour l'antenne microruban, car la meilleure et directe opération utilisée pour améliorer la largeur de bande, est d'utiliser un substrat plus épais avec une constante diélectrique plus petite. Nous allons approuver par la suite l'efficacité de cette solution et ses limites.

I-5 L'ANTENNE A PLAQUE TRIANGULAIRE

Ayant les mêmes propriétés de radiation que l'antenne rectangulaire, l'antenne à patch triangulaire trouve une extensive utilisation pour la réalisation des antennes microrubans.

Le triangle équilatéral est généralement le plus utilisé des types de plaques triangulaires, car il a la propriété de son facteur de qualité qui est élevée et l'avantage d'occuper moins d'espace, son inconvénient majeur réside dans sa bande passante qui est relativement étroite [I.13].

I-5-a Mécanisme de rayonnement d'une antenne patch de forme triangle équilatéral

Le mécanisme de rayonnement d'une antenne patch triangulaire se comprend aisément à partir de sa forme géométrique. Lorsque la ligne d'alimentation est excitée avec une source RF, une onde électromagnétique va se propager sur cette ligne puis va rencontrer l'élément rayonnant (de largeur plus grande que la ligne, donc plus apte à rayonner). Une distribution de charge va s'établir à l'interface Substrat/Plan de masse, sur et sous l'élément rayonnant.

Les distributions de charge et les densités de courants associés induisent une distribution de champ électrique.

I-5-b Exemple de fabrication d'une antenne patch de forme triangle équilatéral

La réalisation d'antennes microrubans est simple et est basée sur les techniques suscités.

Un projet de réalisation d'une antenne de forme triangle équilatéral à été élaboré en 2007 au sein de l'université du "King Fahad of Petrolium and Mineral Electrical Engineering" [I.14]. Les paramètres de l'antenne ont été fixés en utilisant un simulateur professionnel, la fréquence de résonance à été calculée pour opérer aux alentours de 10Ghz, dans ce cas la longueur latérale du triangle correspond à la valeur $w=11.94mm$, l'épaisseur du patch est de l'ordre de $0.1mm$. Le substrat choisi de dimensions (75×75) mm et d'épaisseur 1.6 mm est ferme et de permittivité 2.2. Ce substrat a été couvert de cuivre dans ces deux surfaces (en haut et en bas), les deux surfaces sont ensuite recouvertes d'une bande isolante. Le substrat à été placé ensuite dans un liquide chimique pour supprimer la couche de cuivre indésirable (qui n'est pas protégée) et designer la plaque rayonnante en enlevant l'isolant. Le triangle à été dessiné en commençant par tracer un rectangle ensuite couper les parties indésirables. L'équipe a procédée de la même manière pour la couche de cuivre inférieure afin de designer une ouverture circulaire au centre du rectangle original, avec un diamètre légèrement petit par rapport au diamètre du câble coaxiale qui devrait alimenter l'antenne, pour éviter le contact partie inférieure du câble-plan de masse. Après avoir plongée l'antenne dans le liquide chimique pour éliminer le cuivre indésirable, la couche isolante est enfin supprimée de l'antenne entière. Il faut noter que la broche du câble coaxial est insérée dans le substrat soigneusement en utilisant un forage spécifique. Le circuit et la broche du câble on été soudées simultanément. Pour tester l'antenne, l'équipe à utiliser un analyseur de réseau; la fréquence obtenue a été fixée à 10.52Ghz.

I-6 ALIMENTATION DES ANTENNES MICRORUBANS

Un point important dans l'étude et la réalisation des antennes imprimées est leur alimentation. Plusieurs méthodes et techniques sont développées pour cet aspect. Une classification des modèles d'alimentations possibles pour différents types d'antennes microrubans est représentée dans la référence [I.15].

Généralement l'alimentation peut se faire par connexion directe à une ligne microruban sur le même niveau que les éléments rayonnants (figure I.3-a), ceci peut produire un rayonnement additionnel et affecter le diagramme de l'antenne [I.16]. Ce phénomène peut être évité en enterrant l'alimentation à un niveau inférieur (figure I.3-b), alimentation par couplage électromagnétique. Cette technique malheureusement peut compliquer la réalisation de l'antenne, suite à la présence de deux couches diélectriques. On peut aussi superposer une antenne microruban et un circuit triplaque isolés par les plans de masse [I.17]. L'alimentation se réalise dans ce cas à travers une ouverture.

L'alimentation peut être effectuée par connexion directe à une ligne coaxiale (figure I.3-c) dont le conducteur central est connecté en un point situé sur l'axe de symétrie de l'élément [I.15]. Ce type d'alimentations présente une asymétrie qui génère une composante croisée. Une alimentation mixte par ligne microbande et coaxiale peut être réalisée et est représentée sur la figure I.3-d : l'élément rayonnant et la bande métallique de la ligne microbande sont situés de part et d'autre d'un plan de masse commun et séparés par des substrats qui peuvent être de permittivités différentes. Cette structure permet de bien découpler la ligne d'alimentation, située au-dessous du plan de masse [I.5].

Parmi les différents types d'alimentations, il faut noter que le couplage par proximité (figure I.3-e) offre la meilleure bande passante (environ 13%) [I.2].

Figure I.3-a : Ligne d'alimentation au même niveau que l'élément rayonnant.

Figure I.3-b : Ligne d'alimentation enterrée.

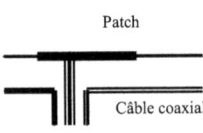
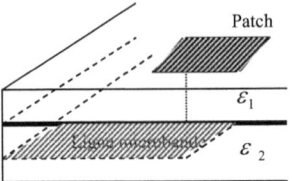

Figure I.3-c : Alimentation par câble coaxial.   Figure I.3-d : Alimentation mixte.

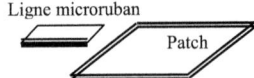

Figure I.3-d : Alimentation par couplage par proximité.

Figure I.3 : Principales méthodes d'alimentation des antennes microrubans.

I-7 INFLUENCE DES ONDES DE SURFACE

Pendant que l'antenne microruban fonctionne, on distingue trois types d'ondes susceptibles de se propager (figure I.4) [I.6]:

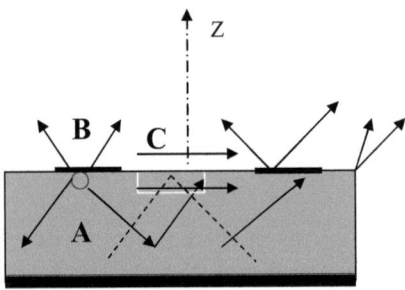

Figure I.4 : Trajectoire des rayons dans une antenne microruban (coupe).

A- Ondes guidées : Le champ électromagnétique s'accumule dans le substrat entre les deux plans conducteurs, cette propriété est très utile pour la propagation du signal le long d'une ligne microruban.

B- Ondes rayonnées : Dans l'air, au dessus du substrat, le signal se disperse librement dans l'espace et contribue au rayonnement de l'antenne. Ce dernier paraît surtout être émis par le voisinage des arêtes, puisque les courants surfaciques circulent sur la face inférieure du patch (côté diélectrique). C'est pourquoi certains modèles considèrent le rayonnement d'un ensemble de fentes fictives situé sur le pourtour de l'antenne.

C- Ondes de surface : Certains rayons atteignent les surfaces de séparation avec une incidence rasante, et restent piégés à l'intérieur du diélectrique. Au dessus donc de la plaque conductrice, le signal se disperse librement dans l'espace. Le blocage de cette énergie électromagnétique conduit au développement des ondes de surface. Le rapport d'énergie rayonnée dans le substrat comparée avec l'énergie rayonnée dans l'air est approximativement de ($\varepsilon^{3/2}$:100) [I.10]. Ceci est gouverné par les lois de la réflexion interne qui déclarent que chaque ligne de champ rayonné dans le substrat sur un angle plus grand que l'angle critique $\theta_c = \sin^{-1}(\varepsilon^{-1/2})$ est totalement réfléchi aux surfaces.

Par exemple : pour un substrat avec une constante diélectrique $\varepsilon_r = 10.2$, presque 1/3 de l'énergie totale rayonnée est entraînée dans le substrat avec un angle critique proche de 18.2°.

Les ondes de surface doivent être prises en considération pour des épaisseurs du substrat élevées ou ayant des permittivités importantes. Deux types d'ondes de surface sont possibles, le mode transversal magnétique TM et le mode transversal électrique TE. Pour les deux types, les composantes du champ varient sinusoïdalement dans la direction Z à l'intérieur du substrat, et diminuent exponentiellement dans la direction Z à l'extérieur du substrat. L'intervalle entre les fréquences de coupure de deux modes successifs des ondes de surface est donné par [I.1] :

$$f_i = \frac{c}{4d\sqrt{\varepsilon_r - 1}} \qquad (I.1)$$

Où c est la vitesse de la lumière, d et ε_r sont l'épaisseur et la constante diélectrique du substrat, respectivement, fi représente la différence de fréquence entre deux modes successifs. Notons que le mode TM0 est toujours présent dans le substrat car il possède une fréquence de coupure nulle indépendamment des valeurs de d et ε_r, ceci peut affecter les performances de conception des antennes patch.

Cet obstacle peut être évité par un choix approprié des épaisseurs et permittivités du substrat.

Un paramètre jouant un rôle crucial est l'épaisseur d du substrat. Le concepteur peut utiliser la formule suivante (indépendamment du type de l'antenne en fixant la constante diélectrique préalablement) comme critère pour choisir l'épaisseur [I.14] :

$$d \leq \frac{c}{4f_{max}\sqrt{\varepsilon_r - 1}}$$

(I.2)

f_{max} est la fréquence maximale à partir de laquelle l'antenne peut fonctionner. On pourrait en principe faire usage des ondes de surface pour alimenter les éléments d'un réseau.

En pratique il est souhaitable de diminuer la surface de l'antenne microruban, car l'effet de bord peut devenir important en présence des ondes de surface.

I-8 BIBLIOGRAPHIE

[I.1] I. J. Bahl, P. Bhartia, "Microstrip Antennas", Artech House, pp 31-177, 1982.

[I.2] B.Alioun, "Conception et caractérisation d'une antenne de portable radio mobile", projet de fin d'études d'ingénieurs, Université Mohamed 5, Ecole Mohammadia d'ingénieurs, Rabat, Maroc 2001.

http://membres.multimania.fr/aliouneba/pdf/partie2.pdf.

[I.3] K. Hirazawa and M. Haneishi, "Analysis, design, and measurement of small and low-profile antennas", *Artech house, Norwood*, Massachussetts, USA, 1992.

[I.4] P.B. Katehi, D.R. Jackson and N.G. Alexopoulos," Microstrip dipoles ", *Handbook of microstrip antennas*, Peter Peregrinus Ltd, London, UK, pp.275-310, 1989.

[I.5] Paul F. Combes, "Micro-ondes, circuits passifs, propagation, antennes", pp 299-323, *Série Dunod*, Paris 1997.

[I.6] J.R.Mosig and F.Gardiol, "techniques analytiques et numériques dans l'analyse des antennes microruban", *ann.Telecommun*, 40, N° 7-8,pp 411-437, 1985.

[I.7] Z. cai and J.Bonnemann, "Generalysed spectral-domain analysis for multilayered complex media and high Tc superconductor application", ", *IEEE, Trans on microwave theory and techniques*, Vol 40, Dec 1992.

[I.8] H.Rmili, "Etude, réalisation et caractérisation d'une antenne plaque en polyaniline fonctionnant à 10GHz",thèse de doctorat , université de Bordeaux I, France, Nov2004.

[I.9] Keith R.Carver and James W. Mink, "Microstrip antenna technology", *IEEE, Trans on antennas and propag*, Vol. AP-29, NO 1, Jan 1981

[I.10] Keith C. Huie, "Microstrip antennas: Broadband radiation pattern using photonic crystal Substrates", Thesis submitted to the faculty of the Virginia Polytechnic Institute and State University in partial Fulfillment of the requirements for the degree of master of science. Blacksburg, VA, Jan 11, 2002.

[I.11] Rachid Oussaid "Modélisation des matériaux; influence de la micro-structure sur le comportement fréquentiel", thèse de doctorat, Faculté d'électronique et informatique, université Houari Boumedien, Oran, Juin2004.

[I.12] Filiberto Bilotti, Lucio Vegin and Alessandro Toscano, "Radiation and scaterring features of patch antennas with bianisotropic substrates", *IEEE, Tran on Antennas and propag*, Vol 51, NO 3, Jan2003.

[I.13] Cigdem Sekin Gurel, Erdem Yazgan, "New computation of the resonant frequency of a tunable equilateral triangular microstrip patch", *IEEE, Trans on microstrip theory and techniques*, Vol 48, NO 3, Mar 2000.

[I.14] M.Al-Ramadhan, S.Al Huwaimal and G.Alzahrani, advised by Dr S.Iqbal, "Triangular Microstrip Antenna", *King Fahad of Petrolium and Mineral Electrical Engineering*, Sep 2007.

[I.15] P.Bhartia, K.V.S.Rao, R.S.Tomar, "Millimeter wave microstrip and printed circuit antennas", *Artech House*, Boston, London.

[I.16] D.M.Pozar and S.M.Voda, "A rigorous analysis of a microstripline fed patch antenna", *IEEE, Tran on Antennas and propag*, Vol. AP 35, NO 12, pp 1343-1350, Dec 1987.

[I.17] P.S.Hall and C.J.Prior,"Radiation control in corporately fed microstrip patch arrays", JINA 1986, *journée internationale de Nice sur les antennes*, Nice, France, pp271-275, 4-6 Nov 1986.

CHAPITRE II

Modèles et méthodes d'analyses des antennes microrubans

II-1 INTRODUCTION

Les antennes microrubans sont des structures complexes, suite à l'existence de trois types de discontinuités différentes, et par ailleurs, à la présence d'une grande variété de types et de formes. La première analyse mathématique a été publiée par LO et AL en 1977. Des rapports similaires sur des techniques d'analyses avancées ont été publiés par DERNERYD, SHEN et CARVER, et COFFEY [II.1]. Plusieurs méthodes de calcul sont possibles pour le traitement des antennes microrubans, basées sur des modèles approchés plus ou moins élaborés. Les principaux d'entre eux sont catalogués par ordre croissant de complexité dans le tableau II.1 [II.2]: Après 1982 la révolution des microrubans a continué, plusieurs études ont été effectuées et d'autres méthodes ont été introduites et développées pour l'analyse des antennes plaquées pour différentes formes de patch. Nous avons choisis dans ce travail de se baser sur une méthode appelée "des moments" dans le domaine spectral pour l'étude des structures proposées. Ce chapitre résume une description brève de quelques modèles et méthodes d'analyse, les plus fréquemment utilisés pour le traitement des antennes microrubans, et donne une explication plus explicite et plus profonde de la méthode des moments. Nous présenterons par la suite un algorithme résumant l'ensemble des étapes suivies pour le calcul numérique de la fréquence de résonance.

Modèle	Auteurs	Date	Géométrie
Ligne de	-Munson	1974	Rectangle
	-Derneryd	1976 et 1978	Rectangle
	-dubost	1981 et 1982	Rectangle

transmission	-Lier	1982	Rectangle
	-Sengupta	1984	Rectangle
	-Bhattacharyya	1984	Anneau
Ouvertures	-James et Wilsson	1977	Rectangle+Disque
	-Hammer et Al	1979	Rectangle
	-Gogoi et Gupta	1982	Rectangle
Cavité simple	-Long et Al	1978	Disque
	-Derneryd	1979	Disque
	-Derneryd et Lind	1979	Rectangle
	-Bahl et Bhartia	1981	Triangle
	-Long et McAllister	1982	Ellipse
Cavité (Analyse modale)	-Richard et Al	1981	Disque+ Rectangle
	-Lo et Al	1979	Disq+Rect+demi-disque
	-Carver	1979	Rectangle
	-Yaho et Ishimaru	1981	Disque
	-Carver et Mink	1981	Rectangle
Segment	-Gupta et Sharma	1981	Polygone
Analyse dynamique	-Itho et Menzel	1981	Rectangle
	-Araki et Itho	1981	Disque
	-Wood	1981	Disque
Fonction de Green	-Agrawal et Bailey	1977	Disque+ Rectangle
	-Newman et Tulyathan	1981	Rectangle
	-Uzunoglu et Al	1979	Fil
	-Rana et Alexopoulos	1981	Fil
	-Chew et Kong	1981	Disque
	- Ali et Al	1982	Anneau
	-Pozar	1982	Rectangle
	-Bailey et Deshpande	1982	Rectangle
	- Deshpande et Bailey	1982	Rectangle

Tableau II.1 : catalogue des méthodes d'analyses connues des antennes patch.

II-2 MODELE EN LIGNE DE TRANSMISSION

Ce modèle considère une ligne de transmission dont les deux extrémités sont des ouvertures rayonnantes. L'antenne est équivalente à deux ouvertures rayonnantes verticales, placées sous les bords en circuit ouvert du conducteur supérieur. Le courant magnétique dans chacune des ouvertures est supposé constant [II.2]. Les dimensions finies du patch font que le champ à ses extrémités se déforme par effets de bords. Dans le plan E les effets de bords sont fonction du rapport entre la longueur du patch, la hauteur du substrat et la permittivité relative du diélectrique. Une constante diélectrique effective ε_{eff} est introduite pour tenir compte des effets de bords et de la propagation d'ondes dans la ligne. La constante diélectrique effective est définie comme étant la permittivité relative d'un diélectrique fictif qui contiendra toute l'antenne de sorte que la totalité du champ soit contenue dans ce diélectrique. Pour une ligne avec de l'air au-dessus, la permittivité effective est comprise entre la permittivité relative de l'air et celle du diélectrique ($1 < \varepsilon_{eff} < \varepsilon_r$) [II.3]. Dans la plupart des applications où la constante diélectrique est supérieur à 1, la valeur de la permittivité effective est proche de ε_r.

Pour une antenne de forme triangle équilatéral, la permittivité effective est donnée par l'expression [II.4] :

$$\varepsilon_{eff} = \frac{1}{2}(\varepsilon_r + 1) + \frac{1}{2}(\varepsilon_r - 1)(1 + \frac{12d}{3^{0.25} w/2}) \qquad (II.1)$$

Où, w est la longueur latérale du triangle ; ε_r et d sont respectivement la permittivité relative et l'épaisseur du substrat. Les effets de bords font aussi usage à une élongation électrique des dimensions réelles du patch. Pour avoir un bon rayonnement, une formule empirique à été donnée par [II.5] pour calculer dans une forme simple la longueur latérale effective d'un patch de forme triangle équilatéral :

$$w_{eff} = w + d(1.2 + \frac{2.25}{\sqrt{\varepsilon_{eff}}}) \qquad (II.2)$$

II-3 ANALYSE MODALE

Une analyse plus complète de l'antenne-cavité peut être effectuée, en exprimant les champs par une somme infinie sur l'ensemble des modes de résonance. Les champs dans la situation réelle (antenne) sont légèrement différents de ceux obtenus par la théorie de la cavité, précisément à cause du rayonnement [II.6]. Pour tenir compte de ce problème, on peut alors introduire des pertes fictives dans le diélectrique remplissant la cavité, ou alors remplacer le conducteur magnétique parfait de la paroi latérale par une paroi ayant une impédance surfacique finie [II.7]. Ce modèle permet de prédire correctement l'impédance d'entrée en fonction de la fréquence, sauf lorsque le mode de résonance n'est que faiblement excité. L'excitation par microruban a été considérée en admettant un champ magnétique tangentiel constant dans la paroi métallique située directement sous la ligne [II.8]. L'alimentation par câble coaxial a été étudiée en admettant une section rectangulaire pour le conducteur externe du câble [II.9]. Ce modèle est très flexible et relativement simple, mais il est entaché du défaut commun à tous les modèles en cavité : le caractère inhomogène et ouvert de la structure microruban ne peut pas être analysé correctement [II.2].

II-4 TECHNIQUE DES FONCTIONS DE GREEN

La fonction dyadique (tensorielle) de Green détermine une relation entre une valeur source (élément de courant de surface) et le champ électrique crée par celui-ci [II.10]. Le principe de superposition permet d'exprimer dans un système linéaire le champ $\vec{E}^d$ résultant d'une distribution quelconque $\vec{J}_s$ existant sur le conducteur supérieur comme :

$$\vec{E}^d = \int \overline{\overline{G}}_E . \vec{J}_s . dS \tag{II.3}$$

S'il existe un champ d'excitation $\vec{E}^e$, le champ électrique tangentiel total doit s'annuler sur la surface métallique (que l'on suppose être un conducteur parfait) [II.2] :

$$\vec{e}_z \times (\vec{E}^e + \vec{E}^d) = 0 \qquad (\text{II}.4)$$

En l'absence d'excitation, on est en présence d'un problème aux valeurs propres, qui permet la détermination des modes et des fréquences de résonance de l'antenne. La difficulté majeure de cette technique réside dans l'évaluation de la fonction de Green. Les premières expressions exactes pour la fonction de Green sont obtenues par la théorie des milieux stratifiés. Elles ont été utilisées pour l'analyse de fils conducteurs minces de section circulaire, collés sur le substrat microruban [II.11]. Cette configuration n'est malheureusement pas une structure microruban. L'analyse complète et rigoureuse des antennes planaires microruban n'a été entreprise qu'au début des années quatre-vingts. Les fonctions de Green s'expriment par des intégrales de Sommerfeld [II.12], ou par des transformées bidimensionnelles de Fourier [II.13]. Ces études se sont limitées au début par la géométrie rectangulaire. Ceci n'est pas une limitation de la technique des fonctions de Green, mais plutôt à la méthode de résolution numérique utilisée.

Cependant, l'évolution des méthodes numériques a permis après cette période de développer la technique des fonctions de Green pour répondre à toutes les formes et les exigences des structures microrubans. Avec des algorithmes numériques flexibles, cette technique paraît être la meilleure pour une analyse rigoureuse d'une structure microruban planaire, sans limitation de forme, de fréquence, ou même de dimensions, tout en incorporant une analyse correcte des ondes de surface, de l'excitation et du couplage entre éléments. Parmi les méthodes numériques récemment développées et utilisées pour la résolution des problèmes électromagnétiques, nous citons, la FDTD (Finite Difference Time Domain) et la méthode des moments (MoM).

II-4-1 La méthode FDTD

La méthode des différences finies résout les équations de champs en des points discrets, définis d'une manière ordonnée dans le domaine complet de la structure. Elle résout directement les équations de Maxwell sous leur forme différentielle en remplaçant les opérateurs différentiels par des opérateurs de différence, réalisant ainsi une approximation par discrétisation [II.14].

Dans la famille des méthodes de différences finies, on trouve la FDTD qui a pour point de départ, la discrétisation directe des équations locales de Maxwell. Cette méthode est applicable à des structures quelconques sans modification de l'algorithme de base [II.15].

Sa théorie de base consiste à résoudre les problèmes électromagnétiques et approcher les dérivées ponctuelles spatiales et temporelles qui apparaissent dans les équations de Maxwell par des différences finies centrées.

II-4-2 La méthode des moments (MoM)

La méthode des moments est une technique numérique permettant de résoudre efficacement un système d'équations intégrales en le transformant en un système matriciel résolu par calculateur [II.16]. Elle est basée sur le critère de nullité d'une fonctionnelle constituée à partir d'une intégrale des résidus, générée par la différence entre la solution approximative (fonction d'essai) et la solution exacte, pondérée par des fonctions de poids (fonctions de test). La fonction d'essai est exprimée sous forme de série de fonctions de base connue dont les coefficients de pondération sont déterminés en résolvant le système linéaire [II.17]. L'application de la méthode des moments pour la caractérisation des structures planaires microbande est efficace [II.18]. Cependant, nous nous somme basés sur cette technique pour l'investigation d'antennes microrubans de forme triangle équilatéral et rectangulaire proposées dans ce travail. Le principe est simple, en s'appuyant sur les équations de Maxwell on peut déduire l'équation de propagation.

Il faut noter ici qu'on peut faire usage de deux types d'équations, portant respectivement sur les composantes tangentielles des champs électrique et magnétique (en anglais EFIE et MFIE). Dans le cas des antennes microrubans, les équations MIFE donnent lieu à de sérieuses difficultés lors des calculs numériques. C'est pourquoi on doit faire usage d'équations du type électrique (EFIE) [II.2].

Le système d'équations linéaires de la MoM correspond au cas où la fonctionnelle définie par l'erreur résiduelle est rendue orthogonale à l'espace des fonctions de test [II.17].

Il en résulte que plus cette fonctionnelle est orthogonale à des fonctions de test, meilleure est l'approximation. Le cas particulier où les fonctions de base sont identiques aux fonctions de test correspond à la méthode de Galerkin [II.19]. Cette méthode assure la conservation de l'énergie ainsi que le principe de réciprocité [II.20]. Nous allons par conséquent adopter cette méthode pour la résolution du système d'équations correspondant a chaque cas et structure proposée dans cette étude.

Le système d'équations linéaire à résoudre peut s'écrire sous la forme matricielle suivante :

$$\overline{B}_{ij} = \begin{bmatrix} (\overline{B}_1)_{N*N} & (\overline{B}_2)_{N*M} \\ (\overline{B}_3)_{M*N} & (\overline{B}_4)_{M*M} \end{bmatrix} \begin{bmatrix} \overline{C} \\ \overline{D} \end{bmatrix} = 0 \qquad (II.5)$$

Finalement la fréquence de résonance complexe de l'antenne $f = f_r + if_i$ résulte de la résolution de l'équation :

$$\det(\overline{B}_{ij}) = 0 \qquad (II.6)$$

Où f_r est la fréquence de résonance et f_i représente les pertes par rayonnement.

Physiquement, ceci signifie qu'il existe des courants électriques même en l'absence d'une source d'excitation continue, dus à l'entretien mutuel entre le champ et le courant électrique. Cette situation explique et résume les conditions de résonance au niveau du patch, puisque l'antenne est conçue pour opérer au voisinage de sa fréquence d'opération.

L'expression de la fréquence de résonance issue du modèle de la cavité d'une antenne triangulaire mono couche avec mûrs magnétiques parfaits est donnée par [II.4] :

$$f_{mnl} = \frac{2c}{3w\sqrt{\varepsilon_r}}\sqrt{m^2 + n^2 + mn} \qquad (II.7)$$

Pour l'antenne rectangulaire l'expression devient [II.21] :

$$f_{mn} = \frac{c}{2\sqrt{\varepsilon_r}}\sqrt{(\frac{n}{a})^2 + (\frac{m}{b})^2} \qquad (II.8)$$

Pour une structure bi-couches ou tri-couches, la permittivité du substrat ε_r sera remplacée par une permittivité équivalente ε_{equi}. En utilisant les relations de Zhang [II.22] on aboutie aux expressions des permittivités équivalentes suivantes :
Pour une structure bi-couches :

$$\varepsilon_{equi} = \frac{(d + d_g)\varepsilon_r \varepsilon_g}{d\varepsilon_g + d_g \varepsilon_r} \qquad (II.9)$$

Pour une structure tri-couches :

$$\varepsilon_{equi} = \frac{(2d + d_g)\varepsilon_r \varepsilon_g}{2d\varepsilon_g + d_g \varepsilon_r} \qquad (II.10)$$

Où c est la vitesse de lumière dans l'espace libre.

ε_r est la permittivité relative du substrat.

ε_g est la permittivité relative de la couche supplémentaire (air ou un autre diélectrique).

d est l'épaisseur du substrat.

d_g est l'épaisseur de l'air (ou un autre diélectrique).

w est la longueur latérale du patch triangulaire.

a et b sont les dimensions du patch rectangulaire.

l, m, n désignent les modes et ne peuvent pas être nuls simultanément.

Les formules (II.7) et (II.8) peuvent servir comme valeurs initiales dans la procédure de recherche de la racine complexe de l'équation caractéristique.

Pour résumer l'ensemble des étapes de calcul de la fréquence de résonance d'une antenne microruban de forme triangulaire ou rectangulaire en utilisant la méthode des moments, un algorithme est proposé en fin du chapitre.

II-5 FACTEUR DE PERTES ET RENDEMENT DE L'ANTENNE MICRORUBAN

Le facteur de qualité, la bande passante et le rendement, sont les paramètres déterminants d'une antenne. Ces éléments sont liés et ne peuvent pas être optimisés indépendamment. De ce fait il y a toujours un compromis à établir pour arriver à une antenne optimale, sachant qu'il y a un souci de rendre prédominant l'un par rapport à l'autre en fonction des performances désirées.

Le facteur de qualité est un paramètre qui représente les pertes de l'antenne. Ces pertes peuvent être ohmiques, diélectriques, par onde de surface ou par rayonnements. Pour les substrats fins, les pertes par onde de surface peuvent être négligées. Mais, plus l'épaisseur du substrat augmente plus les pertes deviennent importantes. Pour des substrats fins des formules empiriques sont fournies par [II.17] pour calculer les différents facteurs de pertes présents dans l'antenne. Le facteur de qualité total est donné par la relation :

$$\frac{1}{Q_t} = \frac{1}{Q_{rad}} + \frac{1}{Q_c} + \frac{1}{Q_d} + \frac{1}{Q_{sw}} \tag{II.11}$$

Avec :

Q_{rad} est le facteur de pertes dues à la radiation.

Q_c est le facteur de pertes ohmiques.

Q_d est le facteur de pertes diélectrique.

Q_{sw} est le facteur de pertes par ondes de surface.

Pour calculer le rendement, nous nous placerons à la fréquence de résonance f_r. Par définition, le rendement η est [II.23] :

$$\eta = \frac{Q_{rad}}{Q_{rad} + Q_c + Q_d} \tag{II.12}$$

Il faut noter que l'intérêt d'une antenne réside dans la quantité d'énergie rayonnée donc aux pertes par rayonnement.

II-5-1 Effet des pertes dans la plaque rayonnante

Les pertes ohmiques dans les conducteurs de l'antenne microruban ne modifient pas la fonction de Green mais interviennent directement dans l'équation intégrale. Lorsque le conducteur supérieur possède une conductivité finie σ, la condition aux limites sur le champ électrique tangentiel devient [II.24] :

$$\vec{e}_z \times (\vec{E}^e + \vec{E}^d) = \vec{e}_z \times Z_S \vec{J}_S \tag{II.13}$$

Où l'impédance de surface, dans un conducteur épais par rapport à la profondeur de pénétration, est donnée par :

$$Z_S = (1+j)\sqrt{\omega\mu/2\sigma} \tag{II.14}$$

Le champ tangentiel électrique total n'est pas nul mais proportionnel au courant de surface selon la loi d'Ohm. En pratique, σ est une conductivité effective du métal. Les pertes dans les parois conductrices sont données par [II.23]:

$$Q_c = 2 \cdot \frac{1}{2} \int_S Z_S I_S^2 dS \tag{II.15}$$

S représente la surface de l'élément métallique.

I_S est la densité surfacique de courant induit dans les parois.

II-5-2 Effet des pertes dans le diélectrique

Les pertes dans le diélectrique sont liées à la nature de ce dernier, donc à son facteur de pertes $\tan \delta$ qui est relié à la conductivité diélectrique σ_d par la relation [II.24] :

$$\sigma_d = \omega \varepsilon_0 \varepsilon_r \tan \delta \tag{II.16}$$

Les pertes dans le diélectrique sont données par l'expression:

$$Q_d = \frac{1}{2} \int_V \sigma_d E^{d2} dV \tag{II.17}$$

Les pertes diélectriques ont pour effet d'écarter légèrement le pôle de l'axe réel. La fonction à intégrer devient alors complexe et sa partie réelle s'annule là où une singularité existait dans le cas sans pertes.

II-5-3 Effet des pertes par rayonnement

La puissance rayonnée p_r peut être exprimée en fonction de l'énergie emmagasinée W_a et le coefficient de surtension T_r par la relation [II.23]:

$$p_r = \frac{\omega W_a}{T_r} \tag{II.18}$$

Nous pouvons finalement aboutir à l'expression finale du rendement suivante :

$$\eta = \frac{1}{1 + T_r \frac{\delta_s}{d} + T_r \tan \delta} \tag{II.19}$$

Avec : $\dfrac{Q_c}{p_r} = T_r \dfrac{\delta_s}{d}$ et $\dfrac{Q_d}{p_r} = T_r \tan \delta$

Où $\delta_s = (\pi\mu\sigma f)^{-1/2}$ est la profondeur de pénétration dans les parois conductrices.

La bande passante est liée au facteur de qualité total Q_t par la relation :

$$\frac{2f_i}{f_r} = \frac{1}{Q_t} \tag{II.20}$$

Cette relation n'est pas explicite car elle ne tient pas compte de l'adaptation de l'antenne au point d'alimentation. Pour ceci, une relation plus générale a été introduite [II.23] pour prendre en considération l'impédance d'entrée de l'antenne :

$$\frac{2f_i}{f_r} = \frac{S-1}{Q_t \sqrt{S}} 100(\%) \tag{II.21}$$

Où S est le taux d'ondes stationnaires.

II-6 ALGORITHME DE CALCUL DE LA FREQUENCE DE RESONANCE D'UNE ANTENNE MICRORUBAN RECTANGULAIRE (OU TRIANGULAIRE)

L'ensemble des étapes de calcul de la fréquence de résonance d'une antenne microruban équitriangulaire (ou rectangulaire) est réuni et donné sous forme d'organigramme dans cette section.

II-6-1 Programme principal

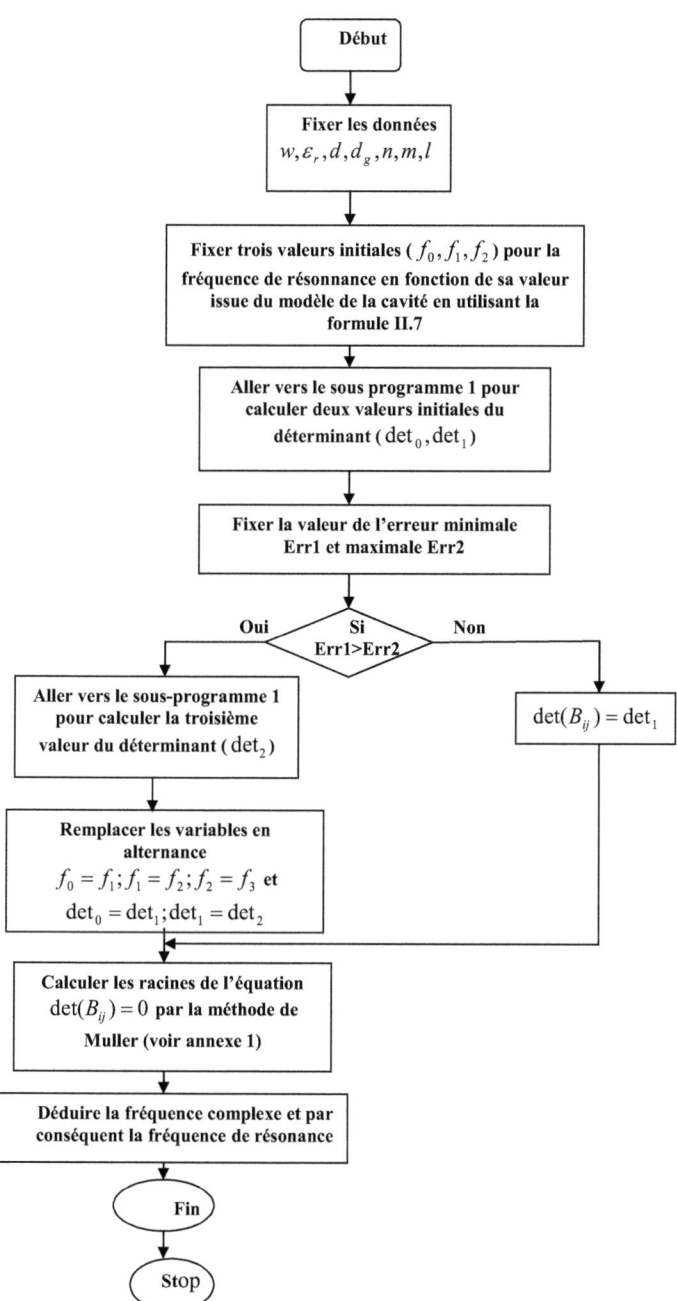

II-6-2 Sous-programme 1

Ce sous-programme calcule les éléments de la matrice $\overline{B}_{ij}$, et par conséquent le déterminant de cette dernière.

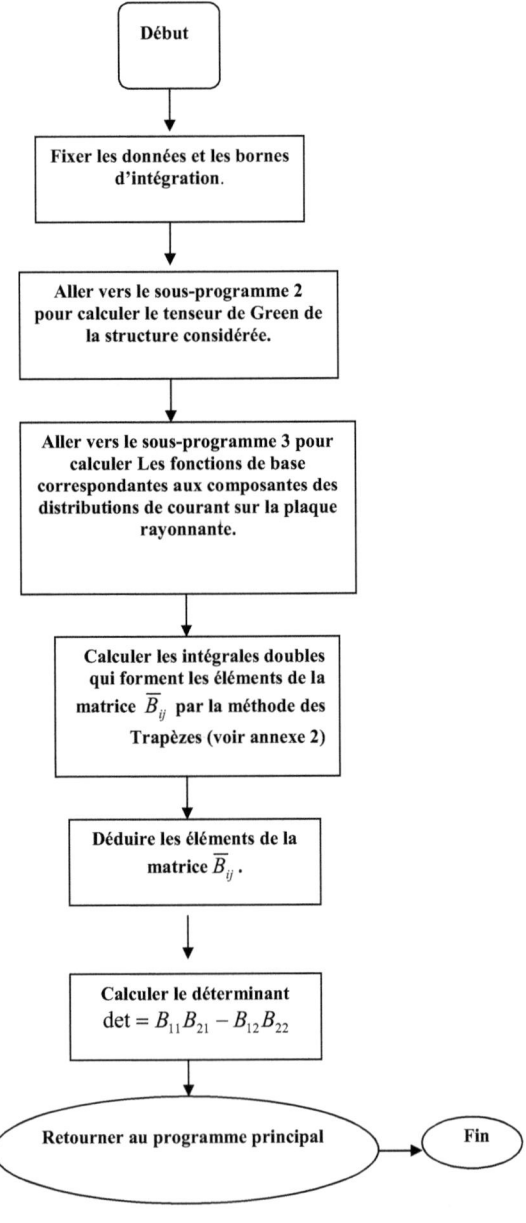

II-6-3 Sous-Programme 2

Ce sous-programme calcule les composantes de la matrice correspondante au tenseur de Green.

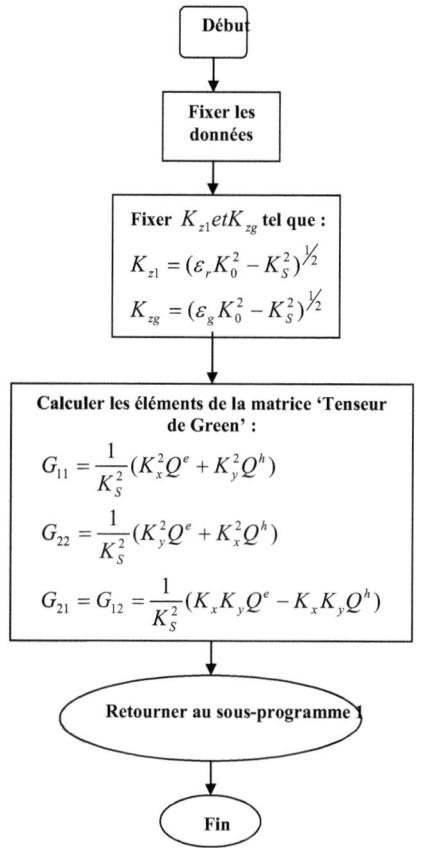

Q^e et Q^h sont des expressions calculées pour chaque structure considérée (voir chapitre III).

II-6-4 Sous-Programme 3

Ce sous programme calcule les composantes du courant circulant sur la plaque rayonnante en choisissant les fonctions de base données par [II.21] ou [II.24].

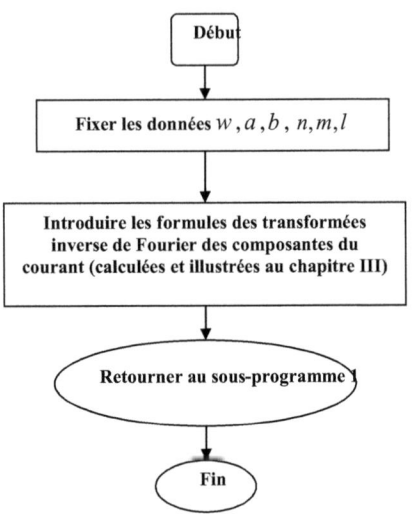

II-7 BIBLIOGRAPHIE

[II.1] Keith C. Huie, "Microstrip antennas: Broadband radiation pattern using photonic crystal Substrates", Thesis submitted to the faculty of the Virginia Polytechnic Institute and State University in partial Fulfillment of the requirements for the degree of master of science. Blacksburg, VA, JAN 11, 2002.

[II.2] J.R.Mosig and F.Gardiol, "Techniques analytiques et numériques dans l'analyse des antennes microruban", *ann.Telecommun*, 40, N° 7-8,pp 411-437, 1985.

[II.3] B.C.Wadell, "Transmission line handbook", *Artech House*, Boston, 1991.

[II.4] Cigdem Sekin Gurel, Erdem Yazgan, "New computation of the resonant frequency of a tunable equilateral triangular microstrip patch", *IEEE, Trans on microstrip theory and techniques*, Vol 48, NO 3, Mar 2000.

[II.5] D.Karaboga, K.Guney, N. Karaboga, and A.Kaplan, " Simple and accurate effective sidelength expression obtained by using a modified genetic algorithm for the resonant frequency of an equilateral triangular microstrip antenna", *Int.J.Electron*, Vol 83, pp 99-108, Jan 1997.

[II.6] I. J. Bahl, P. Bhartia, "Microstrip Antennas", Artech House, pp 31-177, 1982.

[II.7] S.Yano, A.Ishimaru,"A theoretical study of the input impedance of a circular microstrip disk antenna", *IEEE, Trans.* Ap, 29, pp 77-83, USA 1981.

[II.8] YT.Lo, D.Solomon, W.F.Richardson, "Theory and experiment on microstrip antenna",
IEEE, Trans. Ap, 27, pp 137-145, USA 1979.

[II.9] K.R.Carver, J.W.Mink, "Microstrip antenna technology", *IEEE Trans.* Ap, 29, pp 2-24, USA, Jan1981.

[II.10] A.Dreher, "A new approch to dyadic Green's function in spectral domain", *IEEE, Trans on Antennas and propag*, Vol 43, NO 11, NOV 1995.

[II.11] N.K.Uzunoglu, N.G.Alexopoulos and J.G.Fikioris, "Radiation properties of microstrip
dipoles", *IEEE, Trans.* Ap, 27, pp 853-858, USA, 1979.

[II.12] J.R.Mosig and F.Gardiol, "A dynamical radiation model for microstrip structures",In advances in electronics and electron physics, édité par P.Hawkes. *Academic press*, New York, USA 1982.

[II.13] F. Bouttout, F. Benabdelazziz, D. Khedrouche, T. Fortaki, "Equivalence entre les formalismes des transformées vectorielles et usuelles utilisées dans les problèmes des antennes à structures planaires", *Journée de Télécommunication JT*, 1999.

[II.14] D.Sadiku and N.O.Mathew, "Numerical techniques in electromagnetics", second edition, *CRC Press, Boca Ration*, London, New York, Washington, D.C, 2001.

[II.15] K.S.Yee, "Numerical solution of initial boundary value problems involving Maxwell's
equations in isotropic media", *IEEE,Trans on Antennas and propag*, Vol 14, pp.302-307, 1966.

[II.16] R.Harington,"Field computation by Moment Method", *IEEE Press,* P 229, Piscataway, N.J, 1986.

[II.17] B.Alioun, "Conception et caractérisation d'une antenne de portable radio mobile", projet de fin d'études d'ingénieurs, Université Mohamed 5, Ecole Mohammadia d'ingénieurs, Rabat, Maroc 2001.
http://membres.multimania.fr/aliouneba/pdf/partie2.pdf.

[II.18] D.B.Davidson, "Computational electromagnetics for RF and microwave Engineering",
Cambridge University Press, UK, 2005.

[II.19] R.F.Harrington, "Field computation by moment method", *IEEE Press series on electromagnetic waves*, 1993.

[II.20] C.T. Tai, "Complementary reciprocity theorems in electromagnetic theory," *IEEE Trans. Antennas Prop.* Vol 40, PP. 675-681, 1992.

[II.21] W.C .Chew and Q .Liu, "Resonance frequency of a rectangular microstrip patch", *IEEE Trans Antennas Propagat*, vol. AP-36,pp.1054-1056, Aug 1988

[II.22] F.L.Zhang, P.S.Kooi. L.W.Li, M.S.Leong, T.S.Yeo, "A method for designing broad- band microstrip antenna in multilayered planar structures", *IEEE, Trans on Antennas and propag*, Vol 47, NO 9, SEP 1999.

[II.23] Paul F. Combes, "Micro-ondes, circuits passifs, propagation, antennes", pp 299-323, *Série Dunod*, Paris 1997.

[II.24] J.R.James and P.S.Hall, "Hand book of microstrip antennas", *IEE Electromagnetic Waves series*; 28, UK, 1989.

[II.25] W.Chen, K.F Lee, and S.Dahele, "Theoretical and experimental studies of the resonant frequencies of the equilateral triangular microstrip antenna", *IEEE, Trans on Antennas and propagat*, Vol 40, NO 10, PP 1253-1256, Oct 1992.

Chapitre III

Mise en équation du problem

III-1 INTRODUCTION

La résolution rigoureuse de tout problème d'électromagnétisme comporte toujours deux étapes essentielles [III.1] :

- La résolution des équations de Maxwell dans chacun des milieux de propagation : dans notre cas, on a deux milieux homogènes, le diélectrique et l'air.
- L'application des relations de continuité des composantes tangentielles des champs sur les surfaces de séparations (métal, diélectrique et air) : dans ce cas l'étude de l'antenne microruban est rendue difficile par la présence de ces trois discontinuités.

L'étude cohérente de l'antenne nécessite la résolution simultanée de deux problèmes : le problème externe est résolu par le calcul des champs en tout point de l'espace résultant d'une distribution de courants et de charges dans la région proche de la plaque rayonnante, et la région du champ lointain, en vue de déterminer les caractéristiques de rayonnement de l'antenne. Pour résoudre le problème interne, les champs sont exprimés par des intégrales, dont le noyau est une fonction de Green opérant sur la densité de courant ou de charge. En introduisant ces expressions dans les conditions aux limites, on obtient des relations intégrales permettant de déterminer les inconnues du problème. Dans notre cas nous nous intéressons à la détermination de la fréquence de résonance complexe de chaque structure et par conséquent la bande passante en déduisant le diagramme de rayonnement. Le calcul est mené par la méthode des moments dans le domaine spectral, jugée la plus rigoureuse et exacte [III.2]. Trois structures sont étudiées dans ce travail pour deux formes différentes (rectangle et triangle équilatéral) et sont comparées. La fonction dyadique de Green est développée pour chaqu'une des structures, et les fonctions de base correspondantes aux distributions de densités de courants surfaciques sur chaque plaque sont choisies selon les données reportées en littérature. Pour le cas d'un patch de forme triangle équilatéral, nous avons développé la transformée de Fourier de ces fonctions analytiquement en utilisant une méthode mathématique [III.3], [III.4] et [III.5].

Le présent chapitre est donc une présentation de l'approche mathématique et numérique proposée pour la caractérisation d'une antenne microruban de forme triangle équilatéral (équitriangulaire) implantée sur trois structures de substrat. En effet, la fréquence de résonance complexe sera définie pour chaque cas ainsi que la bande passante. Les champs lointains seront calculés via une intégration suivant le contour aux points à phases stationnaires qui représentent le champ rayonné dans le demi-espace au dessus de l'antenne.

III-2 ETUDE THEORIQUE ET DEFINITION DU PROBLEME

L'analyse rigoureuse et complète des antennes microrubans à été entreprise depuis plusieurs années. De nombreuses recherches ont été reportées pour différentes structures et géométries en appliquant des méthodes numériques et analytiques de plus en plus avancées. Mais les techniques et les approches proposées depuis les années quatre-vingt restent une base pour la caractérisation et la modélisation des antennes imprimées. En adoptant le principe de la technique de la fonction de Green, la formulation du problème et les étapes de calcul restent valables pour toutes les structures microrubans. Cependant, nous proposons comme modèle la structure illustrée par la figure III.1, dans laquelle est également défini le repère de coordonnées cartésiennes choisies (x, y, z).

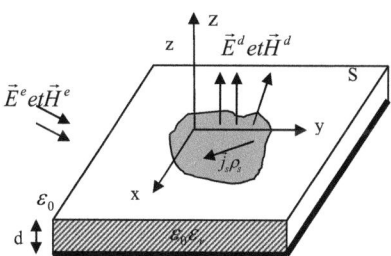

Figure III.1 : Structure microruban arbitraire avec excitation dynamique.

Une plaque diélectrique homogène, isotrope et non aimantable est disposée entre les plans z=0 et z=-d, elle s'étend à l'infini le long des deux directions x et y. Le diélectrique peut avoir de faibles pertes, sa permittivité est donc complexe $\varepsilon = \varepsilon_0 \varepsilon_r (1 - j\tan\delta)$ avec typiquement $10^{-4} < \tan\delta < 10^{-2}$ [III.1] pour les substrats couramment utilisés. En général, dans un milieu inhomogène et anisotrope, les grandeurs ε et μ sont des tenseurs d'ordre 2. Le demi-espace situé au dessus du diélectrique est l'air(ε_0, μ_0). La face inférieure du diélectrique est entièrement métallisée par contre la face supérieure est recouverte partiellement. L'épaisseur de la métallisation est nettement supérieure à la profondeur de pénétration du signal [III.6]. Le problème se ramène à l'étude d'un milieu stratifié, dont les propriétés diélectriques ne dépendent que de la coordonnée z. Une solution rigoureuse est déduite à partir d'une formulation intégrale, et d'un assemblage de solutions pour le milieu stratifié permettant de satisfaire la condition sur le conducteur supérieur.

III 2 1 Equations de maxwell et conditions aux limites

La structure définie précédemment et illustrée par la figure III.1 est considérée pour les calculs qui suivent. Cette dernière est exposée à un champ électromagnétique d'excitation $\vec{E}^e$ et $\vec{H}^e$. Ce champ satisfait les conditions aux limites sur le plan de masse et sur la discontinuité air-diélectrique. Il peut être celui d'une onde plane, provenant de l'infini et réfléchi par la structure (antenne réceptrice). Il peut aussi s'agir d'un champ local, crée par une source finie (alimentation d'une antenne émettrice).

La présence du champ d'excitation induit des densités surfaciques de courant $\vec{j}_s$ et de charge

ρ_s sur la plaque conductrice. Ces courants et charges donnent naissance à un champ diffracté $\vec{E}^d$ et $\vec{H}^d$, qui s'ajoute au champ d'excitation. C'est le champ total, résultant de ces deux composantes, qui doit satisfaire les conditions aux limites du problème. Le champ diffracté satisfait aux équations de Maxwell dans le domaine fréquentiel [III.1] est :

$$\nabla \times \vec{E}^d = -j\omega\mu_0 \vec{H}^d \qquad (III.1)$$

$$\nabla \times \vec{H}^d = j\omega\varepsilon \vec{E}^d \qquad (III.2)$$

$$\nabla \cdot \vec{E}^d = 0 \qquad (III.3)$$

$$\nabla \cdot \vec{H}^d = 0 \qquad (III.4)$$

Sur le patch métallique, qui occupe une portion du plan z=0, on doit avoir [III.7] :

$$\vec{e}_z \times (\vec{H}_a^e + \vec{H}_a^d) = \vec{j}_{sa} \qquad (III.5)$$
en $z = 0^+$
$$\vec{e}_z \times (\vec{E}_a^e + \vec{E}_a^d) = 0 \qquad (III.6)$$

$$-\vec{e}_z \times (\vec{H}_d^e + \vec{H}_d^d) = \vec{j}_{sd} \qquad (III.7)$$
en $z = 0^-$
$$-\vec{e}_z \times (\vec{E}_e^d + \vec{E}_d^d) = 0 \qquad (III.8)$$

Les indices a et d dénotent respectivement l'air et le diélectrique. Les densités de courant $\vec{j}_{sa}$ et $\vec{j}_{sd}$ circulent sur les faces supérieure et inférieure de la plaque conductrice.

Il faut noter que les notations mathématiques et les conventions utilisées dans les développements et les expressions qui suivent sont données en annexe 3.

Par définition, le champ d'excitation possède des composantes tangentielles continues de part et d'autre du plan z=0. Les expressions (III.5) à (III.8) peuvent être combinées, donnant :

$$\vec{e}_z \times (\vec{H}_a^d - \vec{H}_d^d) = \vec{j}_{sa} + \vec{j}_{sd} = \vec{j}_s \qquad (III.9)$$
en $z = 0$

$$\vec{e}_z \times (\vec{H}_a^d - \vec{H}_d^d) = 0 \qquad (III.10)$$

Ces relations portent sur un seul champ diffracté, car seule la somme des deux courants de surface intervient. En dehors du conducteur, le courant de surface $\vec{j}_s$ est nul et le champ magnétique est continu. Sur le plan de masse (en z=-d), la composante tangentielle du champ électrique s'annule :

$$\vec{e}_z \times \vec{E}_d = \vec{e}_z \times (\vec{E}_d^e + \vec{E}_d^d) = \vec{e}_z \times \vec{E}_d^d = 0 \quad \text{en } z = -d \qquad (III.11)$$

Puisque le champ d'excitation satisfait déjà cette condition, il reste la condition liant le champ magnétique au courant en $z = -d$: elle n'est cependant pas nécessaire pour la résolution de notre problème.

L'équation de continuité qui lie le courant de surface à la charge de surface est [III.1] :

$$\nabla_t \cdot \vec{J}_s + j\omega\rho_s = 0 \qquad (III.12)$$

∇_t est l'opérateur différentiel dans le plan tangentiel (composante en x et y ou en ρ et φ).

Les composantes normales du champ doivent satisfaire les conditions suivantes :

$$\vec{e}_z \cdot (\vec{E}_a^d - \varepsilon_r \vec{E}_d^d) = \rho_s \qquad (III.13)$$

en $z = 0$

$$\vec{e}_z \cdot (\vec{E}_a^d - \vec{E}_d^d) = 0 \qquad (III.14)$$

$$\vec{e}_z \cdot \vec{H}_d^d = 0 \quad \text{en } z = -d \qquad (III.15)$$

Les champs diffractés sont entièrement définis par les équations de Maxwell ainsi que les conditions portant sur leurs composantes tangentielles.

III-2-2 Potentiels vecteur et scalaire

Les champs diffractés découlent d'une méthode de résolution des équations de Maxwell faisant usage des potentiels vecteurs $\vec{A}$ et scalaire V [III.7] :

$$\vec{H}^d = (1/\mu_0)\nabla \times \vec{A} \tag{III.16}$$

$$\vec{E}^d = -j\omega\vec{A} - \nabla V \tag{III.17}$$

Si on impose la jauge de Lorentz [III.8] :

$$\nabla \cdot \vec{A} + j\omega\mu_0 \varepsilon V = 0 \tag{III.18}$$

En introduisant (III.16) et (III.17) dans les équations de Maxwell (III.1 à 4), en combinant les expressions résultantes on peut obtenir les deux équations d'ondes homogènes suivantes :

$$(\nabla^2 + k^2)\vec{A} = 0 \tag{III.19}$$

$$(\nabla^2 + k^2)V = 0 \tag{III.20}$$

Où $k = \omega\sqrt{\mu_0\varepsilon}$ est le nombre d'onde, qui prend des valeurs différentes dans les différents milieux.

Les conditions aux limites pour les potentiels découlent de celles portant sur les champs :

• Sur la surface de séparation en z=0 :

$$V_a = V_d \tag{III.21}$$

$$\vec{A}_a = \vec{A}_d \tag{III.22}$$

$$\vec{e}_z \times [\partial \vec{A}_a / \partial z - \partial \vec{A}_d / \partial z] = -\vec{e}_z \times \mu_0 \vec{J}_s \qquad \text{(III.23)}$$

$$\Delta \cdot \vec{A}_a = (1/\varepsilon_r) \nabla \cdot \vec{A}_d \qquad \text{(III.24)}$$

$$j\omega(1-\varepsilon_r)A_z + \partial V_a / \partial z - \varepsilon_r \partial V_d / \partial z = -\rho_s / \varepsilon_0 \qquad \text{(III.25)}$$

• Sur le plan de masse $z = -d$:

$$V_d = 0 \qquad \text{(III.26)}$$

$$\vec{e}_z \times \vec{A}_d = 0 \qquad \text{(III.27)}$$

$$\frac{\partial}{\partial z}(\vec{e}_z \cdot \vec{A}_d) = 0 \qquad \text{(III.28)}$$

Pour s'assurer que la solution est unique, il faut que les champs satisfassent la condition de Sommerfeld ou condition de rayonnement [III.9] :

$$\lim_{r \to \infty} r(\frac{\partial \psi}{\partial r} + jk\psi) = 0 \qquad \text{(III.29)}$$

ψ représente toute grandeur scalaire solution de l'équation d'onde. Cette condition spécifie que le phénomène se propage vers l'extérieur des sources, en décroissance avec la distance.

Il faut noter que pour calculer V, la présence de A_z dans l'expression (III.25) exige une connaissance préalable de la composante normale du potentiel vecteur. Cependant, V peut être calculé indépendamment de $\vec{A}$ dans le cas homogène ($A_z = 0$) [III.1].

III-2-3 La fonction de Green

Dans la résolution du problème de l'antenne microruban par la méthode spectrale, la fonction dyadique de Green doit être déterminée. En effet, on peut calculer la fonction de Green pour un potentiel vecteur comme on peut la calculer pour un potentiel scalaire, dans les deux cas suivants:

III-2-3-a La fonction de Green pour un potentiel vecteur

La relation liant les composantes du potentiel vecteur résultantes de l'inhomogénéité de la structure correspond à la fonction dyadique $\overline{\overline{G}}_A$ de Green [III.1]. On doit chercher donc quel est le potentiel vecteur produit par un élément de courant de longueur infinitésimale dl et de moment Idl unité, disposé sur la surface du diélectrique en $z = 0$ (Figure III-2).

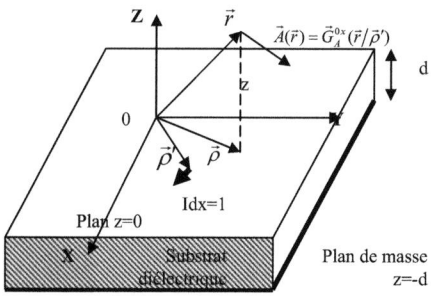

Figure III.2 : Définition de la fonction de Green $\overline{\overline{G}}_A$ pour le potentiel vecteur.

La dyade $\overline{\overline{G}}_A$ s'exprime par [III.1] :

$$\overline{\overline{G}}_A = \sum_{i=x,y,z} \sum_{j=x,y} G_A^{ij} \vec{e}_i \vec{e}_j = \sum_{i=x,y} \vec{G}_A^{0j} \vec{e} \tag{III.30}$$

Le scalaire G_A^{ij} donne la composante selon i du potentiel vecteur crée par un élément de courant orienté selon j.

Le vecteur $\vec{G}_A^{0j}$ est le potentiel vecteur produit par un élément de courant orienté selon j.

L'absence du terme $j = z$ est due à l'absence du courant de surface dans cette direction.

Dans ce cas, la fonction de Green dépend du milieu (Air et diélectrique, $\overline{\overline{G}}_{Aa}$ et $\overline{\overline{G}}_{Ad}$) et possède deux expressions analytiques différentes satisfaisant l'équation d'onde homogène :

$$(\nabla^2 + k_i^2)\overline{\overline{G}}_{Ai}(\vec{r}/\vec{\rho}\,') = 0 \;, \qquad i = air, diélectrique \tag{III.31}$$

Ici les conditions aux bords découlent de celles obtenues pour le potentiel vecteur :
• A la surface du diélectrique ($z = 0, \vec{r} = \vec{\rho}$)

$$\overline{\overline{G}}_{Aa}(\vec{\rho}/\vec{\rho}\,') = \overline{\overline{G}}_{Ad}(\vec{\rho}/\vec{\rho}\,') \tag{III.32}$$

$$\nabla \cdot \overline{\overline{G}}_{Ad}(\vec{\rho}/\vec{\rho}\,') = \varepsilon_r \nabla \cdot \overline{\overline{G}}_{Aa}(\vec{\rho}/\vec{\rho}\,') \tag{III.33}$$

$$\vec{e}_z \times \frac{\partial}{\partial z}(\overline{\overline{G}}_{Aa}(\vec{r}/\vec{\rho}\,') - \overline{\overline{G}}_{Ad}(\vec{\rho}/\vec{\rho}\,'))_{\vec{r}=\vec{\rho}} = -\vec{e}_z \times \mu_0 \delta(\vec{\rho} - \vec{\rho}\,') \tag{III.34}$$

L'équation (III.34) est inhomogène et traduit la présence du courant en $\vec{\rho} = \vec{\rho}\,'$.
• Sur le plan de masse en $z = -d$

$$\vec{e}_z \times \overline{\overline{G}}_{Ad}(\vec{r}/\vec{\rho}\,') = 0 \tag{III.35}$$

$$\nabla \cdot \overline{\overline{G}}_{Ad}(\vec{r}/\vec{\rho}\,') = 0 \tag{III.36}$$

Si on arrive à déterminer la fonction de Green $\overline{\overline{G}}_A$, le potentiel vecteur $\vec{A}$ produit par une distribution quelconque de courants de surface $\vec{J}_s$ peut être déduit :

$$\vec{A}(\vec{r}) = \int_{S_0} \overline{\overline{G}}(\vec{r}/\vec{\rho}') dS' \qquad (III.37)$$

Pour une structure microruban, et même pour tous les milieux stratifiés dont les propriétés ne varient qu'avec la variable z, les termes G_A^{ij} sont :
• Invariants par rapport à une translation horizontale du repère cartésien :

$$G_A^{ij}(\vec{r}/\vec{\rho}') = G_A^{ij}(\vec{r} - \vec{\rho}'/0) \qquad (III.38)$$

• Invariants par rapport à une rotation autour de l'axe z. On peut donc obtenir $\vec{G}_A^{0y}$ à partir de $\vec{G}_A^{0x}$ par la relation suivante :

$$\vec{G}_A^{0y}(\vec{r}/\vec{0}) = \vec{G}_A^{0x}(\vec{r}^*/\vec{0}) \times \vec{e}_z + \vec{e}_z[\vec{G}_A^{0x}(\vec{r}^*/\vec{0}) \cdot \vec{e}_z] \qquad (III.39)$$

Avec $\vec{r}^* = \vec{r} \times \vec{e}_z + \vec{e}_z(\vec{r} \cdot \vec{e}_z)$

Pour conclure : il suffit donc pour déterminer toutes les composantes de G_A, de calculer le potentiel vecteur produit par un courant élémentaire $Idx = 1$ dirigé selon l'axe x et placé à l'origine (Figure III.3).

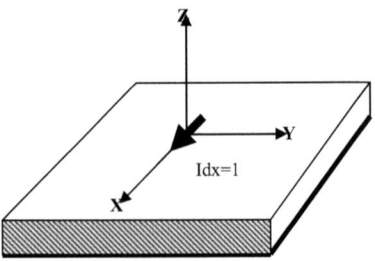

Figure III.3 : Elément de courant selon x situé à l'origine du repère cartésien.

III-2-3-b La fonction de Green pour un potentiel scalaire

La fonction correspondante au potentiel scalaire crée par une charge ponctuelle unitaire disposée sur la surface du diélectrique est une fonction de Green G_V. En pratique cette fonction est calculée et obtenue à partir de $\overline{\overline{G}}_A$.
Les deux grandeurs sont liées par la relation [III.1] :

$$\nabla \cdot \overline{\overline{G}}_A(\vec{r}/\vec{\rho}') = \mu_0 \varepsilon \nabla_t G_V(\vec{r}/\vec{\rho}') \tag{III.40}$$

Cette relation est définie à une constante près, laquelle est déterminée en annulant G_V dans le plan de masse. G_V Possède deux expressions différentes, l'une dans l'air (G_{Va}), l'autre dans le diélectrique (G_{Vd}). Les conditions aux limites qui doivent satisfaire G_V peuvent être déduites de celles de $\overline{\overline{G}}_A$. Par exemple, G_V est continue entre l'air et le diélectrique.

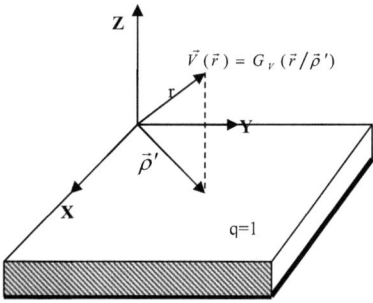

Figure III.4 : Définition de la fonction de Green G_V pour le potentiel scalaire.

On peut déduire donc le potentiel vecteur V résultant d'une densité de charges de surface quelconque ρ_S, qui est donné par l'expression :

$$V(\vec{r}) = \int_{S_0} G_V(\vec{r}/\vec{\rho}') \rho_S(\vec{\rho}') dS' \tag{III.41}$$

III-2-3-c Les champs et les potentiels

Les champs peuvent être déterminés à partir des relations (III.16) et (III.17), une fois les fonctions de Green pour les potentiels sont calculées. On peut alors obtenir :

$$\vec{H}^d = \frac{1}{\mu_0} \nabla \int_{S_0} \overline{\overline{G}}_A \cdot \vec{J}_S dS' \tag{III.42}$$

$$\vec{E}^d = -j\omega \int_{S_0} \overline{\overline{G}}_A \cdot \vec{J}_S dS' - \nabla \int_{S_0} G_V \rho_S dS' \tag{III.43}$$

Les relations qui lient les champs au terme de source sont obtenues en développant les relations (III.42) et (III.43) et en introduisant le terme ∇ sous le signe d'intégration, ce qui donne après quelques manipulations [III.1] :

$$\vec{H}^d = \int_{S_0} [\frac{1}{\mu_0} \nabla \times \overline{\overline{G}}_A(\vec{r}/\vec{\rho}')] \cdot \vec{J}_S(\vec{\rho}') dS' = \int_{S_0} \overline{\overline{G}}_H \cdot \vec{J}_S dS' \qquad \text{(III.44)}$$

$$\vec{E}^d = \int_{S_0} [-j\omega\overline{\overline{G}}_A(\vec{r}/\vec{\rho}') + \frac{1}{j\omega} \nabla \nabla_t G_V(\vec{r}/\vec{\rho}')] \cdot \vec{J}_S dS' = \int_{S_0} \overline{\overline{G}}_E(\vec{r}/\vec{\rho}') \vec{J}_S dS' \qquad \text{(III.45)}$$

Les expressions (III.44) et (III.45) permettent de déterminer une fonction de Green électrique $\overline{\overline{G}}_E$ et une fonction de Green magnétique $\overline{\overline{G}}_H$.

La résolution du problème de l'antenne microruban nécessite le calcul du champ électrique sur la plaque conductrice S_0, en appliquant les conditions aux limites. On doit par conséquent déterminer le champ à l'intérieur des sources, car c'est sur le patch conducteur que circulent les courants et charges. L'étude des champs à l'intérieur d'une distribution de courant a été surtout réalisée dans le cas d'une densité volumique [III.10]. L'expression (III.45) de la fonction de Green reste valable dans ce cas.

Le problème de singularités doit être prix en considération en tenant compte de la convergence de la solution et par un choix approprié du contour d'intégration. Des détails explicatifs pour ce problème ont été reportés par la référence [III.1].

Cependant, la modification du contour d'intégration n'est pas prohibitive. Avant de changer le chemin d'intégration, il faut connaître la position des pôles des fonctions, ce qui mène à donner les équations caractéristiques des ondes de surface.

Quant le substrat diélectrique n'est pas dissipatif (ε_r réel), les pôles sont situés sur l'axe réel du plan K_S.

III-2-4 Equation intégrale et fonctions de base

Les expressions des fonctions de Green obtenues précédemment sont introduites dans les conditions aux limites pour les champs diffractés à la surface du conducteur pour obtenir des relations intégrales portant sur les charges et courants surfaciques, permettant de résoudre le problème interne de l'antenne microruban. Dans ce cas, on doit faire usage d'équations de type électrique (EFIE).

La première utilisation d'une relation intégrale pour l'étude du rayonnement électromagnétique est due à Pocklington [III.10]. L'expression intégrale de $\vec{E}^d$ est par la suite introduite dans les conditions aux limites d'une antenne patch avec un conducteur d'épaisseur négligeable, pour aboutir à la relation suivante [III.1] :

$$j\omega\vec{e}_z \times \int_{S_0} G_A(\vec{\rho}/\vec{\rho}') \cdot \vec{J}_S dS' + \vec{e}_z \times \nabla \int_{S_0} G_V(\vec{\rho}/\vec{\rho}')\rho_S(\vec{\rho}')dS' - \vec{e}_z \times \vec{E}^e(\vec{\rho}) = 0 \qquad (III.46)$$

En l'absence de source d'excitation la relation (III.46) devient une équation aux valeurs propres, qui correspond aux modes de résonance de la structure. Il faut noter que les grandeurs significatives pour une antenne microruban, à savoir : l'impédance d'entrée, la fréquence de résonance et le diagramme de rayonnement peuvent être obtenus lorsque le courant de surface $\vec{J}_S$ a été déterminé sur S_0.

Il est pratiquement difficile de résoudre l'équation intégrale sur tous les points de la plaque rayonnante S_0, ni par ailleurs de déterminer $\vec{J}_S$ et $\vec{\rho}_S$ en chaque point de cette dernière. On est donc amené à faire certaines approximations. Des fonctions test et des fonctions de base ont été calculées et choisies pour chaqu'une des méthodes de calcul et néanmoins pour chaque forme de plaque, afin de régler ce problème et par conséquent faire converger la solution.

Par exemple, pour la méthode des moments, Mosig [III.1] avait choisi de diviser la surface S_0 en un ensemble de cellules rectangulaires. Le courant de surface dans ce cas est composé de

fonctions de base triangulaires, s'étendant sur deux cellules adjacentes (Figure III.5). La densité de charge de surface liée au courant est alors constante dans chaque cellule.

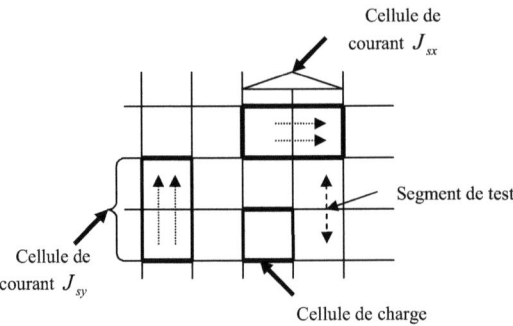

Figure III.5 : Illustration des fonctions de base et de test choisies dans la méthode des moments.

La fonction triangulaire de courant selon x est définie par la relation suivante :

$$T_x(\vec{r}) = \begin{cases} 1 - \dfrac{|x|}{d_x}, |x| < d_x, |y| < d_y/2 \\ 0, ailleur \end{cases} \quad (III.47)$$

$T_y(\vec{r})$ est obtenu similairement en échangeant les variables x et y. La densité de courant est alors donnée par la relation :

$$\vec{J}_S(\vec{r}) = \sum_{u=x,y} \vec{e}_u \frac{d_u}{d_x d_y} \sum_{j=1}^{N_u} I_{uj} T_u(\vec{r} - \vec{r}_{uj}) \quad (III.48)$$

Où d_x et d_y sont les dimensions de la cellule. Cette approximation revient à remplacer une surface courbe par un ensemble de facettes planes (l'approximation sera meilleure si la dimension des cellules sera la plus petite possible).

III-2-5 Choix de l'excitation et calcul de l'impédance d'entrée
Parmi les méthodes d'excitations citées au chapitre I, l'alimentation par câble coaxial est généralement choisie car elle est simple à réaliser et à modéliser. D'autre part,

l'alimentation par contact occupe une place considérable et peut obstruer ou même perturber le rayonnement suite à des problèmes de réalisation. Elle est donc, le mieux adaptée pour une antenne patch avec une couche mince afin de minimiser tous les problèmes qui peuvent surgir sur les caractéristiques de rayonnement de l'antenne.
Une ligne coaxiale attachée à la partie inférieure du patch est un moyen pratique pour alimenter une antenne microruban. Plusieurs modèles existent pour décrire cette alimentation : Il existe l'anneau de courant magnétique, le générateur de tension, ou plus simplement l'injection d'un courant I. Dans ce dernier cas, l'impédance d'entrée est déterminée en intégrant le champ électrique le long de la sonde coaxiale [III.11], [III.12]. Le traitement le plus précis de la sonde Coaxiale suppose que la portion du conducteur coaxial intérieur, intégré dans le substrat, appartient au patch. L'ensemble de la structure est alors excité par un anneau de courant magnétique existant entre le conducteur interne et externe de la ligne coaxiale sur le plan de masse.
Pour les substrats minces, si la ligne coaxiale est remplacée par un filament vertical du courant, des résultats précis peuvent être obtenus. On peut modéliser la sonde et la considérer comme un filament de diamètre nul se terminant par une charge ponctuelle à la jonction avec le patch en utilisant la technique de Galerkin. Le calcul du champ d'excitation devrait normalement nécessiter la connaissance du champ créé par le dipôle électrique vertical intégré dans le substrat. Par conséquent, le théorème de réciprocité [III.11] permet l'évaluation des termes b_i de l'équation suivante :

$$b_i = \int_{S_0} f_i \cdot E^e dS = \int_{V_e} J^e \cdot E_i dv \qquad (III.49)$$

Où E_i est le champ crée par le courant de surface de densité J_s, et E^e est le champ produit par le courant d'excitation de densité $J^e [A/m^2]$ dans les points de l'alimentation (x_0, y_0). Le courant d'excitation total est normalisé à $1A$, tel que :

$$J^e = e_z \delta(x - x_e) \delta(y - y_e) \qquad -d < z < 0 \qquad (III.50)$$

Le domaine d'intégration V_e se réduit alors à un segment de longueur d du filament, dans le cas ou le diamètre de ce dernier est négligeable, par conséquent nous obtenons :

$$b_i = \int_{-d}^{0} E_i \cdot e_z dz \tag{III.51}$$

Finalement, en introduisant l'expression de la fonction de Green, on peut déduire la relation suivante :

$$b_i = -\int_{S_0} G_V(r_e/\rho') \cdot d_i \cdot ds' - j\omega \int_{-d}^{0} e_z \cdot \int_{S_0} \overline{\overline{G}}_A(r_e/\rho') \cdot f_i ds' \tag{III.52}$$

L'impédance d'entrée de l'antenne peut être maintenant simplement donnée par l'expression:

$$Z_{in} = \frac{V}{I} = -\alpha_i \sum_i \int_{-d}^{0} E_i(\rho_e) \cdot e_z dz \tag{III.53}$$

Le courant total entrant dans la sonde doit être étalé sur une zone de l'air entourant le point d'insertion. Un mode d'attachement simplifié dans lequel le courant est réparti sur une cellule avec une dépendance linéaire a été développé et testé avec succès par Mosig et Gardiol [III.13]. Dans ce modèle, l'expression des termes d'excitation est toujours valide.

III-2-6 L'énergie rayonnée :

En appliquant le principe de Huygens à la surface extérieure de l'antenne et en négligeant le courant électrique circulant sur la surface extérieure de la plaque rayonnante, on obtient la source de courant magnétique de Huygens sur la paroi magnétique C [III.14] :

$$K = 2\hat{n} \times \hat{z}E_z \tag{III.54}$$

$\hat{n}$ est la normale au mûr électrique vers l'extérieur et le facteur '2' explique la présence du plan de masse. Les composantes du champ s'expriment par [III.12] :

$$E_\theta = -j\omega\zeta_0 (F_x \cos\theta\cos\phi + F_y \cos\theta\sin\phi) \tag{III.55}$$

$$E_\phi = -j\omega\zeta_0 (-F_x \sin\phi + F_y \cos\phi)$$
(III.56)

F_x et F_y sont les composantes du potentiel électrique.
L'énergie rayonnée totale est donnée par l'expression [III.14]:

$$P_r = \mathrm{Re} \int_0^{\pi/2}\int_0^{\pi/2} (E_\theta H_\phi^* - E_\phi H_\theta^*) r^2 \sin\theta d\phi d\theta \tag{III.57}$$

III-3 APPLICATION A L'ANTENNE EQUITRIANGULAIRE ET COMBINAISON AVEC LA MoM DANS LE DOMAINE SPECTRAL

Pour tester la validité et l'efficacité de la méthode, l'analyse théorique présentée aux paragraphes précédents sera combinée avec la méthode des moments dans le domaine spectral et appliquée à une antenne microruban équitriangulaire implanté sur un substrat monocouche, bi-couches ou avec trois couches, isotrope ou uniaxialement anisotrope.

Mathématiquement, la constante diélectrique d'un substrat anisotrope peut être représentée par un tenseur ou des dyadiques de cette forme [III.15]:

$$\varepsilon = \varepsilon_0 \begin{bmatrix} \varepsilon_{xx} & \varepsilon_{xy} & \varepsilon_{xz} \\ \varepsilon_{yx} & \varepsilon_{yy} & \varepsilon_{yz} \\ \varepsilon_{zx} & \varepsilon_{zy} & \varepsilon_{zz} \end{bmatrix} \tag{III.58}$$

Pour un substrat biaxiallement anisotrope la permittivité est donnée par:

$$\varepsilon = \varepsilon_0 \begin{bmatrix} \varepsilon_x & 0 & 0 \\ 0 & \varepsilon_y & 0 \\ 0 & 0 & \varepsilon_z \end{bmatrix} \quad \text{(III.59)}$$

Pour un substrat uniaxiallement anisotrope la permittivité est:

$$\varepsilon = \varepsilon_0 \begin{bmatrix} \varepsilon_x & 0 & 0 \\ 0 & \varepsilon_x & 0 \\ 0 & 0 & \varepsilon_z \end{bmatrix} \quad \text{(III.60)}$$

Par contre, la permittivité est supposée constante dans un substrat isotrope $\varepsilon_x = \varepsilon_y = \varepsilon_z = \varepsilon$.

ε_0 est la permittivité dans l'espace libre.

ε_z est la permittivité relative dans la direction de l'axe optique.

ε_x est la permittivité relative dans la direction X perpendiculaire à l'axe optique.

ε_y est la permittivité relative dans la direction Y perpendiculaire à l'axe optique.

III-3-1 Transformée vectorielle de Fourier

La méthode spectrale appliquée aux structures microbandes, exige pour être formulée, l'utilisation des transformées usuelle ou vectorielle, de Fourier ou de Hankel. Le formalisme des transformées vectorielles de Fourier est utilisé pour les géométries rectangulaires et triangulaires, alors que celui de Hankel est réservé aux formes circulaires et annulaires ; les transformées vectorielles de Fourier sont définies par [III.16, 17,18] :

$$A(r_s) = \frac{1}{4\pi^2} \int dK_s \overline{F}(K_s, r_s) . \widetilde{A}(K_s) \qquad \text{(III.61)}$$

$$\widetilde{A}(K_s) = \int dr_s \overline{F}(K_s, -r_s) . A(r_s) \qquad \text{(III.62)}$$

Où

$$\int dK_s = \int\int_{-\infty}^{+\infty} dk_x dk_y , \int dr_s = \int\int_{-\infty}^{+\infty} dxdy$$

A et $\widetilde{A}$ sont deux vecteurs avec deux composantes, et :

$$\overline{F}(K_s, r_s) = \frac{1}{k_s} \begin{bmatrix} k_x & k_y \\ k_y & -k_x \end{bmatrix} . e^{ik_s r_s} \qquad \text{(III.63)}$$

Où $k_s = |K_s|$.

Et $\overline{F}(K_s, r_s)$ est le noyau des transformées vectorielles de Fourier.

III-3-2 Evaluation du tenseur spectral de Green

Le tenseur spectral de Green doit être déterminé pour chacune des structures proposées, car il dépend essentiellement de la nature du substrat et du nombre de couches qui constituent ce dernier. Dans ce travail on considère en premier lieu un milieu homogène et isotrope constitué d'une, deux ou trois couches superposées avec la possibilité d'existence d'une couche d'air, puis on élargie l'étude en considérant un milieu uniaxialement anisotrope. Pour calculer la fonction dyadique de Green, on fait appel aux équations de maxwell [III.19] :

$$\begin{cases} \overrightarrow{ROT}\,\vec{E} = \dfrac{-\partial \vec{B}}{\partial t} \\ \overrightarrow{ROT}\,\vec{H} = \vec{j} + \dfrac{\partial \vec{D}}{\partial t} \\ \bar{\varepsilon} DIV\,\vec{E} = \rho \\ \mu DIV\,\vec{H} = 0 \end{cases} \qquad (III.64)$$

μ étant la perméabilité, elle est constante car le milieu est considéré non magnétique.

Avec :

$$\begin{cases} \bar{E} = \begin{bmatrix} E_x \\ E_y \\ E_z \end{bmatrix} \\ \bar{H} = \begin{bmatrix} H_x \\ H_y \\ H_z \end{bmatrix} \end{cases} \qquad (III.65)$$

E_x, E_y, H_x, H_y sont les composantes transversales, et E_z, H_z les composantes tangentielles ou longitudinales.

Pour séparer les modes TE et TM on doit exprimer les composantes transversales (E_x, E_y, H_x, H_y) en fonction des composantes longitudinales E_z, H_z et des dérivées $\dfrac{\partial E_z}{\partial z}$ et $\dfrac{\partial H_z}{\partial z}$. Nous nous intéressons aux modes TM uniquement, puisque ici la composante longitudinale H_z est nulle dans la direction de propagation (la propagation est choisie dans tous les calculs dans la direction Z).

L'équation d'onde dans le domaine spectral peut être déduite à partir des équations de Maxwell après certaines manipulations et substitutions et s'écrit :

$$\frac{\partial^2 \widetilde{E}_i}{\partial z^2} + K_{zi}^2 \widetilde{E}_i = \widetilde{E}^e \tag{III.66}$$

$\widetilde{E}_i$ est la composante tangentielle du champ électrique incident.

$\widetilde{E}^e$ est la composante tangentielle du champ causé par l'excitation.

Il faut noter ici que le signe '–' est utilisé pour les quantités vectorielles et '∼' pour les quantités spectrales. De plus, dans le domaine spectral nous avons:

$$\frac{\partial}{\partial x} = iK_x \,, \; \frac{\partial}{\partial y} = iK_y \,, \; \frac{\partial}{\partial z} = iK_z \,, \; \frac{\partial}{\partial t} = i\omega$$

Avec $K_{zi}^2 = K_i^2 - K_s^2$

Et $K_i^2 = \omega^2 \mu_i \varepsilon_i$

$K_s = K_x \hat{X} + K_y \hat{Y}$ est le vecteur d'onde transverse.

Avec $K_s = \|K_s\| = \sqrt{K_x^2 + K_y^2}$

$K_{zi}, K_i, K_x \, et \, K_y$ dénotent les constantes de propagation pour chaque couche considérée i.

ε_i et μ_i sont respectivement la permittivité et la perméabilité dans chaque milieu et couche.

La résolution de l'équation d'onde homogène permet l'obtention des valeurs propres correspondantes à la fréquence de résonance de l'antenne.

Si nous exprimons les composantes du champ sous forme matricielle, nous obtenons :

$$\frac{1}{K_s}\begin{bmatrix} K_x & K_y \\ K_y & -K_x \end{bmatrix}\begin{bmatrix} \widetilde{E}_x(K_s,z) \\ \widetilde{E}_y(K_s,z) \end{bmatrix} = \begin{bmatrix} \dfrac{j}{K_s}\dfrac{\partial \widetilde{E}_z(K_s,z)}{\partial z} \\ \dfrac{\omega\mu}{K_s}\widetilde{H}_z(K_s,z) \end{bmatrix} = \begin{bmatrix} \widetilde{E}_s^e(K_s,z) \\ \widetilde{E}_s^h(K_s,z) \end{bmatrix} \qquad (\text{III.67})$$

$$\frac{1}{K_s}\begin{bmatrix} K_x & K_y \\ K_y & -K_x \end{bmatrix}\begin{bmatrix} \widetilde{H}_y(K_s,z) \\ -\widetilde{H}_x(K_s,z) \end{bmatrix} = \begin{bmatrix} \dfrac{\omega\varepsilon_0\varepsilon_i}{K_s}\widetilde{E}_z(K_s,z) \\ \dfrac{j}{K_s}\dfrac{\partial \widetilde{H}_z(K_s,z)}{\partial z} \end{bmatrix} = \begin{bmatrix} \widetilde{H}_s^e(K_s,z) \\ \widetilde{H}_s^h(K_s,z) \end{bmatrix} \qquad (\text{III.68})$$

Nous avons par définition : $\dfrac{1}{K_s}\begin{bmatrix} K_x & K_y \\ K_y & -K_x \end{bmatrix}^{-1} = \dfrac{1}{K_s}\begin{bmatrix} K_x & K_y \\ K_y & -K_x \end{bmatrix}$

La forme générale des solutions de l'équation d'onde homogène est donnée par la relation :

$$\widetilde{E}_z = A^e(K_s)e^{jK_z^e z} + B^e(K_s)e^{-jK_z^e z} \qquad (\text{III.69})$$

Après substitution nous obtenons les composantes suivantes :

$$\widetilde{E}_s(K_s,z) = \begin{bmatrix} \widetilde{E}_s^e \\ \widetilde{E}_s^h \end{bmatrix} = A(K_s)e^{jK_z^e} + B(K_s)e^{-jK_z^e} \qquad (\text{III.70})$$

$$\widetilde{H}_s(K_s,z) = \begin{bmatrix} \widetilde{H}_s^e \\ \widetilde{H}_s^h \end{bmatrix} = \overline{g}(K_s)[A(K_s)e^{jK_z^h} - B(K_s)e^{-jK_z^h})] \qquad (\text{III.71})$$

Avec : $K_z^e = (\varepsilon_x K^2 - \dfrac{\varepsilon_x}{\varepsilon_z}K_s^2)^{1/2}$ et $K_z^h = (\varepsilon_x K^2 - K_s^2)^{1/2}$

$A(K_s)$ et $B(K_s)$ sont définis selon les exigences des conditions aux limites.

Dans le domaine spectral et en représentation (TM, TE) le champ électrique $\tilde{E}_s$ sur l'interface de la plaque rayonnante est lié au courant $\tilde{J}$ de cette dernière par la relation :

$$\tilde{E}_s = \overline{\overline{G}} \cdot \tilde{J} \qquad (III.72)$$

$\overline{\overline{G}}$ est la fonction de Green qui doit être calculée pour chaque cas.

Pour un modèle simplifié, les inconues $A(K_s)$ et $B(K_s)$ sont données par les relations:

$$\begin{cases} A(K_s) = (E^- + \overline{g}_i(K_s)^{-1} H^-) \dfrac{e^{-j\overline{K}_z Z_{i-1}^+}}{2} \\ B(K_s) = (E^- - \overline{g}_i(K_s)^{-1} H^-) \dfrac{e^{+j\overline{K}_z Z_{i-1}^+}}{2} \end{cases} \qquad (III.73)$$

Les champs peuvent être donnés maintenant par les relations suivantes:

$$\begin{aligned} E^+ &= E^- \cos(K_z d_i) - jg^{-1} H^- \sin(K_z d_i) \\ H^+ &= H^- \cos(K_z d_i) - jgE^- \sin(K_z d_i) \end{aligned} \qquad (III.74)$$

Le système (III.72) doit être écrit sous forme matricielle de la manière suivante:

$$\begin{bmatrix} E_i(K_S, Z_i^+) \\ H_i(K_S, Z_i^+) \end{bmatrix} = \overline{F}_i \begin{bmatrix} E_i(K_S, Z_i^-) \\ H_i(K_S, Z_i^-) \end{bmatrix} \qquad (III.75)$$

$\overline{F}_i$ représente la matrice fonction de Green de la $i^{ème}$ couche (i=1 ou 2 ou 3) dans la représentation (TE, TM).

Par simple multiplication nous pouvons substituer la matrice fonction de Green pour chaque cas et obtenir la forme finale suivante:

$$\overline{G} = \begin{bmatrix} G_{11} & G_{12} \\ G_{12} & G_{22} \end{bmatrix} \qquad (III.76)$$

Où

$$G_{11} = \frac{K_x^2}{K_x^2 + K_y^2} \frac{D_m}{T_m} + \frac{K_y^2 K_0^2}{K_x^2 + K_y^2} \frac{D_e}{T_e}$$
(III.77)

$$G_{22} = \frac{K_y^2}{K_x^2 + K_y^2} \frac{D_m}{T_m} + \frac{K_x^2 K_0^2}{K_x^2 + K_y^2} \frac{D_e}{T_e} \qquad \text{(III.78)}$$

$$G_{12} = \frac{K_x K_y}{K_x^2 + K_y^2} \frac{D_m}{T_m} - \frac{K_x K_y}{K_x^2 + K_y^2} \frac{D_e}{T_e}$$
(III.79)

D_m, D_e, T_m, T_e sont des termes évalués pour chaque cas et chaque structure.

III-3-2-a Cas d'un substrat isotrope

Dans ce cas les calculs precédents restent valables avec :

$$\overline{\overline{g}}(K_s) = \begin{bmatrix} \dfrac{\omega \varepsilon_i}{K_z} & 0 \\ 0 & \dfrac{K_z}{\omega \mu_i} \end{bmatrix} \qquad \text{(III.80)}$$

Et : $K_z^e = K_z^h = K_z = (\varepsilon K^2 - K_s^2)^{1/2}$

III-3-2-a-a1 Structure avec une seule couche

La structure configurant une antenne microruban mono-couche est illustrée par la figure (III.6).

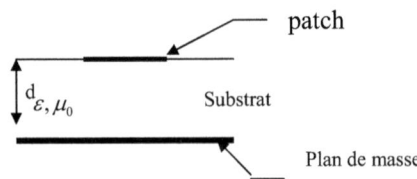

Figure III.6: Coupe transversale d'une structure mono-couche.

Les relations donnant les termes D_m, D_e, T_m, T_e dans ce cas sont [III.20] :

$$D_m = \frac{-j}{\omega\varepsilon_0} K_{z0} K_{z1} \sin(K_{z1}d) \tag{III.81}$$

$$T_m = \varepsilon K_{z0} \cos(K_{z1}d) + jK_{z1} \sin(K_{z1}d) \tag{III.82}$$

$$D_e = \frac{-j}{\omega\varepsilon_0} K_0^2 \sin(K_{z1}d) \tag{III.83}$$

$$T_e = K_{z1} \cos(K_{z1}d) + jK_{z0} \sin(K_{z0}d) \tag{III.84}$$

Avec $K_{z1} = K_0 \cos(K_z d)$.

III-3-2-a-a2 Structure avec deux couches

La figure (III.7) illustre la configuration d'une antenne avec un patch unique implanté sur deux couches de substrat diélectrique. La couche inférieure peut être l'air.

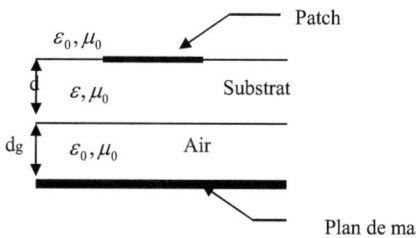

Figure III.7: Coupe transversal d'une structure bi-couches.

Pour cette structure les termes D_m, D_e, T_m, T_e sont donnés par les relations [III.21]:

$$D_m = K_{z0} K_{z1} \varepsilon \sin(K_{z0}d_g) \cos(K_{z1}d_1) + K_{z0} K_{z1} \varepsilon_0 \cos(K_{z0}d_g) \sin(K_{z1}d) \tag{III.85}$$

$$T_m = j\omega\varepsilon_0^2 \cos(K_{z0}d_g)(\varepsilon K_{z0}\cos(K_{z1}d) + jK_{z1}\sin(K_{z1}d)) - $$
$$\omega\varepsilon\varepsilon_0 K_{z0}\cos(K_{z0}d_g)(\cos(K_{z1}d) + j\varepsilon\frac{K_{z0}}{K_{z1}}\sin(K_{z1}d)) \qquad \text{(III.86)}$$

$$D_e = K_0^2 K_{z0}\sin(K_{z0}d_g)\cos(K_{z1}d) + K_0^2 K_{z1}\sin(K_{z1}d)\cos(K_{z0}d_g) \qquad \text{(III.87)}$$

$$T_e = j\omega\varepsilon_0 K_{z0}\cos(K_{z0}d_g)(K_{z1}\cos(K_{z1}d) + jK_{z0}\sin(K_{z1}d)) - $$
$$\omega\varepsilon_0 K_{z1}\sin(K_{z0}d_g)(K_{z0}\cos(K_{z1}d) + jK_{z1}\sin(K_{z1}d)) \qquad \text{(III.88)}$$

III-3-2-a-a3 Structure avec trois couches

Dans ce cas un adjustable gap d'air est inséré entre deux substrats identiques, comme il est indiqué en figure (III.8).

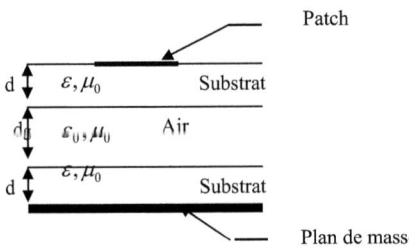

Figure III.8: Coupe transversale d'une structure tri-couches.

Dans ce cas, nous avons calculé analytiquement les expressions de D_m, D_e, T_m, T_e, et nous avons obtenu les résultats suivants en assumant que $K_{z1} = K_{z3} = K$; $K_g = K_{z0}$.

$$D_m = \sin(2Kd)\cos(K_g d_g) - \frac{\varepsilon}{K}\sin(K_g d_g)(\frac{K^2\varepsilon_g}{K_g\varepsilon^2}\sin^2(Kd) - \frac{K_g}{\varepsilon_0}\cos^2(Kd)) \qquad \text{(III.89)}$$

$$T_m = \frac{j\omega\varepsilon}{K}(\cos(K_g d_g)(1 - 2\sin^2(Kd)) - 1/2\sin(2Kd)\sin(K_g d_g)(\frac{K\varepsilon_g}{K_g\varepsilon} + \frac{K_g\varepsilon}{K\varepsilon_g}) + $$
$$\frac{j\varepsilon_0}{K_0}(\frac{K}{\varepsilon}\sin(2Kd)\cos(K_g d_g) - \sin(K_g d_g)(\frac{K^2\varepsilon_g}{\varepsilon^2 K_g}\sin^2(Kd) - \frac{K_g\varepsilon}{K\varepsilon_g}\cos^2(Kd)))) \qquad \text{(III.90)}$$

$$\bullet_e = \sin(2Kd)\cos(K_g d_g) - \frac{K}{\mu_0}\sin(K_g d_g)(\frac{\mu_0^2 K_g}{\mu_g K}\sin^2(Kd) - \frac{\mu_0}{K_g}\cos^2(Kd)) \qquad (III.91)$$

$$= \frac{j\omega\mu_0}{K}(\frac{jK_0}{\mu_0}(\frac{\mu_0}{K}\sin(2Kd)\cos(K_g d_g) - \sin(K_g d_g)(\frac{\mu_0^2 K_g}{K^2 \mu_0}\sin^2(Kd) - \frac{\mu_0}{K_g}\cos^2(Kd))) +$$
$$\cos(K_g d_g)(1 - 2\sin^2(2Kd)) - \frac{1}{2}\sin(2Kd)\sin(K_g d_g)(\frac{K_g \mu_0}{K\mu_0} + \frac{K\mu_0}{K_g \mu_0})) \qquad (III.92)$$

III-3-2-b Cas d'un substrat uniaxialement anisotrope

Le principe de calcul reste identique, la constante diélectrique d'un substrat anisotrope est définie selon l'orientation du champ électrique appliqué. Dans ce cas la matrice $\bar{g}(K_s)$ est définie par:

$$\bar{g}(K_s) = \begin{bmatrix} \frac{\omega\varepsilon_0 \varepsilon_x}{K_z^e} & 0 \\ 0 & \frac{K_z^h}{\omega\mu_0} \end{bmatrix} \qquad (III.93)$$

Où, $K_z^e = (\varepsilon_x K^2 - \frac{\varepsilon_x}{\varepsilon_z} K_s^2)^{1/2}$ et $K_z^h = (\varepsilon_x K^2 - K_s^2)^{1/2}$ sont respectivement les constantes de propagation des ondes TM et TE dans le diélectrique uniaxialement anisotrope.

Les composantes du champ sous forme matricielle deviennent :

$$\frac{1}{K_s}\begin{bmatrix} K_x & K_y \\ K_y & -K_x \end{bmatrix}\begin{bmatrix} \tilde{E}_x(K_s,z) \\ \tilde{E}_y(K_s,z) \end{bmatrix} = \begin{bmatrix} \frac{j\varepsilon_z}{K_s \varepsilon_x}\frac{\partial \tilde{E}_z(K_s,z)}{\partial z} \\ \frac{\omega\mu}{K_s}\tilde{H}_z(K_s,z) \end{bmatrix} = \begin{bmatrix} \tilde{E}_s^e(K_s,z) \\ \tilde{E}_s^h(K_s,z) \end{bmatrix} \qquad (III.94)$$

$$\frac{1}{K_s}\begin{bmatrix} K_x & K_y \\ K_y & -K_x \end{bmatrix}\begin{bmatrix} \widetilde{H}_y(K_s,z) \\ -\widetilde{H}_x(K_s,z) \end{bmatrix} = \begin{bmatrix} \dfrac{\omega\varepsilon_0\varepsilon_z}{K_s}\widetilde{E}_z(K_s,z) \\ \dfrac{j}{K_s}\dfrac{\partial \widetilde{H}_z(K_s,z)}{\partial z} \end{bmatrix} = \begin{bmatrix} \widetilde{H}_s^e(K_s,z) \\ \widetilde{H}_s^h(K_s,z) \end{bmatrix} \quad \text{(III.95)}$$

Ces calculs permettent d'aboutir aux formes suivantes :

$$\overline{G}(K_s) = \begin{bmatrix} G^e & 0 \\ 0 & G^h \end{bmatrix} \quad \text{(III.96)}$$

G^e et G^h ont été calculés pour une couche de substrat donnant les expressions suivantes [III.22] :

$$G^e = \frac{1}{i\omega\varepsilon_0}\frac{-K_z^e K_z \sin(K_{z1}d)}{iK_z^e \sin(K_{z1}d) + \varepsilon_x K_z \cos(K_{z1}d)} \quad \text{(III.97)}$$

$$G^h = \frac{1}{i\omega\varepsilon_0}\frac{-K_0^2 \sin(K_{z1}d)}{iK_z \sin(K_{z1}d) + K_z^h \cos(K_{z1}d)} \quad \text{(III.98)}$$

Pour deux couches les expressions deviennent :

$$G^e = \frac{K_{z0}}{j\omega\varepsilon_0}\frac{\varepsilon_x K_{z1}\sin(K_{z1}d_g)\cos(K_{z2}^e d) + \varepsilon_0 K_{z2}^e \cos(K_{z1}d_g)\sin(K_{z2}^e d)}{\varepsilon_0 \cos(K_{z1}d_g)[\varepsilon_{1x}K_{z0}\cos(K_{z2}^e d) + iK_{z2}^e \sin(K_{z2}^e d)] + i\varepsilon_x K_{z1}\sin(K_{z1}d_g)[\cos(K_{z2}^e d) + i\varepsilon_x \dfrac{K_{z0}}{K_{z2}^e}\sin(K_{z2}^e d)]}$$

(III.99)

$$G^h = \frac{K_0^2}{j\omega\varepsilon_0} \frac{K_{z1}\sin(K_{z1}d_g)\cos(K_{z2}^h d) + K_{z2}^h \cos(K_{z1}d_g)\sin(K_{z2}^h d)}{K_{z1}\cos(K_{z1}d_g)[K_{z2}^h \cos(K_{z2}^h d) + iK_{z0}\sin(K_{z2}^h d)] + iK_{z2}^h \sin(K_{z1}d_g)[K_{z0}\cos(K_{z2}^h d) + iK_{z2}^h \sin(K_{z2}^h d)]}$$

(III.100)

Où, $K_{z2}^e = (\varepsilon_x K^2 - \frac{\varepsilon_x}{\varepsilon_z}K_s^2)^{1/2}$ et $K_{z2}^h = (\varepsilon_x K^2 - K_s^2)^{1/2}$, $K_{z1} = (\varepsilon_0 K^2 - K_s^2)^{1/2}$

Pour des structures multicouches, les formules généralisées de Bouttout [III.22] restent valables dans notre cas.

$$\overline{K}_{iz} = diag[K_{iz}^e, K_{iz}^h] \text{ et } \overline{g}_i(K_s) = diag\left[\frac{\omega\varepsilon\varepsilon_{ix}}{k_{iz}^e}, \frac{k_{iz}^h}{\omega\mu}\right]$$

$\overline{F}_i^\alpha$ ($\alpha = e,h$) la matrice fonction de Green de la $i^{ème}$ couche à été donnée par:

$$(\overline{F}_i^\alpha)_{mn} = (-j\overline{g}_i^\alpha)^{n-m}\cos\theta_{inm}^\alpha$$

(III.101)

Où $\theta_{inm}^\alpha = \theta_i^\alpha - (n-m)\frac{\pi}{2}$ et $\theta_i^\alpha = k_{iz}^\alpha d_i$

III-3-4 Choix des fonctions de base

Théoriquement il existe plusieurs fonctions de base, mais pratiquement on utilise un nombre limité. En général les fonctions sinusoïdales sont utilisées pour les formes rectangulaires et triangulaires, alors que les fonctions de Bessel sont réservées aux formes circulaires et annulaires. Pour minimiser le temps de calcul, on doit choisir des fonctions dont
la variation est proche de celle de la solution prévue. Pour ceci les fonctions de base issues du modèle de la cavité sont les plus utilisées.

Le système des fonctions de base qui a été choisi dans cette étude pour le cas d'un patch équitriangulaire a été proposé par W. Chen, k. F. Lee et J. S. Dahele [III.23]. La figure (III.9.a) illustre un patch de forme triangle équilatéral avec un choix approprié de ses coordonnées cartésiennes. Les expressions des densités de courant circulant sur l'élément rayonnant dans les directions (x, y) sont données par les expressions :

$$J_x(m,n) = \sqrt{3}[l\sin(\frac{2\pi l x}{\sqrt{3}w})\cos(\frac{2\pi(m-n)y}{3w})$$
$$+ m\sin(\frac{2\pi m x}{\sqrt{3}w})\cos(\frac{2\pi(n-l)y}{3w}3w)$$ (III.102)
$$+ n\sin(\frac{2\pi n x}{\sqrt{3}w})\cos(\frac{2\pi(l-m)y}{3w})]$$

$$J_y(m,n) = (m-n)\cos(\frac{2\pi l x}{\sqrt{3}w})\sin(\frac{2\pi(m-n)y}{3w})$$
$$+ (n-l)\cos(\frac{2\pi m x}{\sqrt{3}w})\sin(\frac{2\pi(n-l)y}{3w})$$ (III.103)
$$+ (l-m)\cos(\frac{2\pi n x}{\sqrt{3}w})\sin(\frac{2\pi(l-m)y}{3w})$$

Pour le patch de forme rectangulaire (figure III.9.b) les fonctions de bases proposées par [III.24, Eqs. (7a) et (7b)] seront adoptées par la suite.

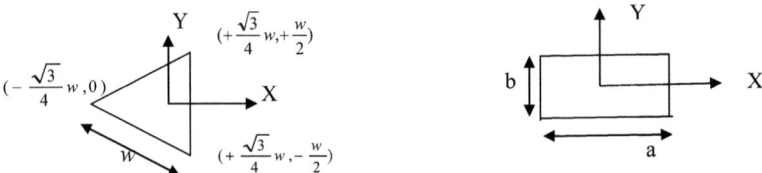

Figure III.9.a: Vue de haut d'un patch triangulaire.   Figure III.9.b: Vue de haut d'un patch rectangulaire.

Figure III.9 : Géométries de plaques triangulaire et rectangulaire.

Puisque le problème est traité dans le domaine spectral, la transformée de Fourier des fonctions de base doit être évaluée. Pour le cas du patch rectangulaire le problème est simple, les transformées de Fourier ont été données par [III.25, Eqs. (27) et (31)]. Dans le cas d'un patch triangulaire, et vu la complexité de la géométrie, le calcul est complexe et il nous a conduit à utiliser une méthode mathématique.

III-3-5 Calcul de la transformée de Fourier des densités de courant circulant sur un patch équitriangulaire

Pour calculer la transformée de Fourier des densités de courant qui circulent sur le patch équitriangulaire, une méthode analytique mathématique à été appliquée. Cette méthode consiste à changer les variables et à utiliser un élément de référence pour désigner soigneusement les limites et calculer les intégrales [annexe 4]. Après calcul nous avons obtenu les résultats suivants :

$$\begin{cases} \tilde{J}_x = I_{1x} + I_{2x} + I_{3x} \\ \tilde{J}_y = I_{1y} + I_{2y} + I_{3y} \end{cases} \quad (\text{III}.104)$$

Avec :

$$\begin{cases} I_{1x} = \dfrac{\sqrt{3}l}{4i}(I_{11x} + I_{12x} - I_{13x} - I_{14x}) \\ I_{2x} = \dfrac{\sqrt{3}m}{4i}(I_{21x} + I_{22x} - I_{23x} - I_{24x}) \\ I_{3x} = \dfrac{\sqrt{3}n}{4i}(I_{31x} + I_{32x} - I_{33x} - I_{34x}) \end{cases} \quad (\text{III}.105)$$

$$\begin{cases} I_{1y} = \dfrac{m-n}{4i}(I_{11y} + I_{12y} - I_{13y} - I_{14y}) \\ I_{2y} = \dfrac{n-l}{4i}(I_{21y} + I_{22y} - I_{23y} - I_{24y}) \\ I_{3y} = \dfrac{l-m}{4i}(I_{31y} + I_{32y} - I_{33y} - I_{34y}) \end{cases} \quad (\text{III}.106)$$

Et :

$$I_{pqx} = I_{pqy} = U_{pq}[\sin c(wK_y + Y_{pq}) - \frac{i\cos(wK_y + Y_{pq})}{wK_y + Y_{pq}} + \frac{i}{wK_y + Y_{pq}}].$$

$$[\sin c(\frac{\sqrt{3}}{2}wK_x + \frac{w}{2}K_y + X_{pq}) - \frac{i\cos(\frac{\sqrt{3}}{2}wK_x + \frac{w}{2}K_y + X_{pq})}{\frac{\sqrt{3}}{2}wK_x + \frac{w}{2}K_y + X_{pq}} + \frac{i}{\frac{\sqrt{3}}{2}wK_x + \frac{w}{2}K_y + X_{pq}}] \quad \text{(III.107)}$$

Avec :

$$U_{pq} = \frac{\sqrt{3}}{2}w^2 e^{-i(\frac{\sqrt{3}}{2}wK_x + \frac{w}{2}K_y)} e^{-iX_{pq}}$$

p et q sont des entiers.

Les paramètres X_{pq}, Y_{pq} sont donnés en annexe 4.

K_x et K_y sont les vecteurs d'ondes.

III-3-6 Equation intégrale du champ électrique

Les composantes transversales du champ électromagnétique sont liées aux transformées vectorielles de Fourier du courant $J(r_s)$ sur la plaque rayonnante dans le domaine spectral par les relations suivantes :

$$E_s(r_s) = \delta_1 \frac{1}{4\pi^2} \iint_{-\infty} \overline{F}(K_s, r_s) \overline{\overline{G}}(K_s) \widetilde{J}(K_s) dK_s \quad \text{(III.108)}$$

$$J(r_s) = \delta_m \frac{1}{4\pi^2} \iint_{-\infty} \overline{F}(K_s, r_s) \widetilde{J}(K_s) dK_s \quad \text{(III.109)}$$

$$\widetilde{J}(K_s) = \begin{bmatrix} \widetilde{J}^e(K_s) \\ \widetilde{J}^h(K_s) \end{bmatrix} = \iint_{-\infty} \overline{F}(K_s, -r_s) J(r_s) dr_s \quad \text{(III.110)}$$

Où :

* $r_s \in$ patch, est la projection du vecteur position sur le plan transverse (xoy).
* $E_s(r_s)$ est la composante tangentielle du champ électromagnétique évaluée dans le plan de la plaque.
* $J(r_s)$ est la distribution surfacique des courants sur la plaque.
* K_s est le vecteur d'onde transverse.
* δ_l et δ_m sont les indicateurs de Heaviside : $\delta_m = 1$ sur le métal, et nulle ailleurs.

Avec $\delta_m + \delta_l = 1$

* $\overline{F}(K_s, r_s)$ est le noyau des transformées bidimensionnelles vectorielles de Fourier :

$$\overline{F}(K_s, r_s) = \overline{I} e^{jK_s r_s}$$
$$\overline{F}(K_s, -r_s) = \overline{I} e^{-jK_s r_s}$$

Avec : $\overline{I} = \dfrac{1}{K_s}\begin{bmatrix} K_x & K_y \\ K_y & -K_x \end{bmatrix}$

Comme déjà mentionné, l'équation intégrale du champ électrique découle du fait que sur un conducteur parfait, la composante tangentielle $E_s(r_s)$ est nulle, nous obtenons par conséquent :

$$\iint dK_s \overline{F}(K_s, r_s) \overline{\overline{G}}(K_s) \widetilde{J}(K_s) = 0 \qquad (III.111)$$

Notons que $\overline{\overline{G}}(K_s)$ est en représentation diagonale [III.20], Ce qui permet de l'inverser facilement.

$$\overline{\overline{G}}(K_s) = diag\left[\widetilde{G}^e(K_s), \widetilde{G}^h(K_s)\right] \qquad (III.112)$$

III-3-7 Solution de l'équation intégrale par la méthode des moments

L'application de la procédure de Galerkin conforme à la méthode des moments dans le domaine de Fourier permet de réduire l'équation intégrale en une équation matricielle. Cette étude est considérée comme étant standard pour la résolution de ce type d'équations.

Les courants surfaciques sur la plaque doivent être développés en une série finie de fonctions de base :

$$J(r_s) = \sum_{n=1}^{N} a_n \begin{bmatrix} J_{xn}(r_s) \\ 0 \end{bmatrix} + \sum_{m=1}^{M} b_m \begin{bmatrix} 0 \\ J_{ym}(r_s) \end{bmatrix} \qquad \text{(III.113)}$$

En représentation spectrale nous avons :

$$\tilde{J}(K_s) = \frac{1}{K_s} \left(\sum_{n=1}^{N} a_n \begin{bmatrix} K_x \tilde{J}_{xn}(K_s) \\ K_y \tilde{J}_{xn}(K_s) \end{bmatrix} + \sum_{m=1}^{M} b_m \begin{bmatrix} K_y \tilde{J}_{ym}(K_s) \\ -K_x \tilde{J}_{ym}(K_s) \end{bmatrix} \right) \qquad \text{(III.114)}$$

La détermination de la solution se réduit à celle des coefficients a_n et b_m. Les fonctions d'essai doivent converger vers la solution exacte lorsque les nombres N et M tendent vers l'infini. Pour un nombre fini de fonctions de base, il en résulte une erreur résiduelle définie comme la différence entre la solution exacte et la fonction d'essai.

Après manipulations et substitutions, nous pouvons enfin avoir un système d'équations intégrales sous la forme matricielle suivante :

$$\overline{A} \cdot B = 0 \qquad \text{(III.115}$$

Où : $\overline{A} = \begin{bmatrix} (\overline{A}_1)_{N*N} & (\overline{A}_2)_{N*M} \\ (\overline{A}_3)_{M*N} & (\overline{A}_4)_{M*M} \end{bmatrix}_{(N+M)*(N+M)}$

Et : $\quad B = \begin{bmatrix} (a)_{N*1} \\ (b)_{M*1} \end{bmatrix}_{(N+M)*1}$

Avec:

$$A_{1pn} = \iint \frac{dK_s}{K_s^2} [K_x^2 G^e + K_y^2 G^h] \widetilde{J}_{xn}(K_s) \widetilde{J}_{sp}(-K_s) \qquad (III.116)$$

$$A_{2pm} = \iint \frac{dK_s}{K_s^2} K_x K_y [G^e - G^h] \widetilde{J}_{ym}(K_s) \widetilde{J}_{xp}(-K_s) \qquad (III.115)$$

$$A_{3\ln} = \iint \frac{dK_s}{K_s^2} K_x K_y [G^e - G^h] \widetilde{J}_{xn}(K_s) \widetilde{J}_{yl}(-K_s) \qquad (III.116)$$

$$A_{4lm} = \iint \frac{dK_s}{K_s^2} [K_y^2 G^e + K_x^2 G^h] \widetilde{J}_{ym}(K_s) \widetilde{J}_{yl}(-K_s) \qquad (III.117)$$

N, M, n, m et l sont des entiers.

Nous constatons que les sous matrices $\overline{A}_1 et \overline{A}_2$ sont symétriques et $\overline{A}_2 = \overline{A}_3^T$, donc la matrice globale $\overline{A}$ est une matrice symétrique.

III-4 BIBLIOGRAPHIE

[III.1] J.R.Mosig and F.Gardiol, "techniques analytiques et numériques dans l'analyse des antennes microrubans", *ann.Telecommun*, 40, N° 7-8, pp 411-437, 1985.

[III.2] P.Bhartia, K.V.S.Rao, R.S.Tomar "Millimeter wave microstrip and printed circuit antennas", *Artech House*, Boston, London.

[III.3] Jacque Douchet et Bruno Zwhalen, "Calcul différentiel et intégral, fonctions réelles de plusieurs variables réelles (2eme édition)", p.140-142.

[III.4] J. Lelong Ferrant, "Cours de mathématique (Tome 4)", p.426-219.

[III.5] A. Hupé,"Analyse pour la formation continue, Intégrales, Différentielles",Tome 2, p88.

[III.6] H.Rmili, "Etude, réalisation et caractérisation d'une antenne plaque en polyaniline fonctionnant à 10GHz",thèse de doctorat , université de Bordeaux I, France, Nov2004.

[III.7] R.F.Harrington,"Time harmonic electromagnetic fields",McGrawHill,New York 1961.

[III.8] C.Chatelin, "Electromagnétisme", mémoire en vue de l'obtention d'une licence en physique, université de Henri Poincaré, France, 2010.

[III.9] B.Chaigne, "Méthodes hiérarchiques pour l'optimisation géométrique de structures rayonnantes", thèse de doctorat en sciences, Ecole doctorale sciences fondamentales et appliquées, Univ Sophia Antipolis de Nice, France, Oct 2009.

[III.10] D.B.Davidson, "Computational electromagnetics for RF and microwave engineering", *Cambridge Univ Press*, USA, 2005.

[III.11] Mirshekar-Syahkal.D, "Spectral domain method for microwave integrated circuits", Research studies press LTD, *John Willey and sons INC*, 1989.

[III.12] J.R.James et P.S.Hall, "Hand book of microstrip antennas", *IEE Electromagnetic Waves series;* 28, UK, 1989.

[III.13] J.R.Mosig and F.Gardiol, "General integral equation formulation for microstrip antennas and scatterers", *IEE proc*, 132H, pp 424-432, 1985.

[III.14] Y.T.Fellow, D.Solomon et W.F.Richards, "Theory and experiment on microstrip antennas", *IEEE, Trans antennas propagate*, Vol. AP-27,NO 2, Mar 1979.

[III.15] P. Bhartia, K. V. S. Rao, and R. S. Tomar, "Millimeter Wave Microstrip and Printed Circuit Antennas", Publisher, Artech House, Boston, London, 1991.

[III.16] W.C.Chew and T.M.Habashy, "The use of vector transforms in solving somme electromagnetic scattering problems", *IEEE Trans. Antennas Propagat.*,Vol.AP-34, PP 871-879, Jul 1986.

[III.17] S.M.Ali, W.C.Chew, and J.A.Kong, "Vector Hankel transform analysis of Annular- ring microstrip antenna", *IEEE Trans. Antennas Propagat*, vol. AP-30, pp.637-644, Jul 1982.

[III.18] F. Bouttout, F. Benabdelazziz, D. Khedrouche, T. Fortaki, "Equivalence entre les formalismes des transformées vectorielles et usuelles utilisées dans les problèmes des antennes à structures planaires", *Journée de Télécommunication JT*, 1999.

[III.19] D.Fleisch, "A student's guide to Maxwell's equation", Cambridge University pressUSA, 2008.

[III.20] T. Fortaki, "Contribution à l'étude des problèmes de caractérisation des antennesmicrobandes multicouches sans et avec ouverture dans les plans de masse". Thèse de Doctorat en sciences, soutenue le 20 Juin 2004.

[III.21] Y.Tiguilt, "Etude d'une antenne microbande rectangulaire à gap d'air tenant compte de l'anisotropie uniaxiale du substrat", Thèse de Magister, soutenue en 2001.

[III.22] F. Bouttout, "Analyse rigoureuse de l'antenne microbande circulaire multicouches. Application a la structure annulaire", Thèse de Doctorat d'état, soutenue en 2004.

[III.23] W.Chen, K.F.Lee, and S.Dahele, "Theoretical and experimental studies of the resonnant frequencies of the equilateral triangular microstrip antenna", *IEEE, Trans on Antennas and propag*, Vol 40, NO 10, PP 1253-1256, oct 1992.

[III.24] W.C.Chew, et Q.Liu, "Resonance frequency of a rectangular microstrip patch", *IEEE Trans Antennas Propagat.*, vol. AP-36, pp.1054-1056, Aou1988.

[III.25] E.H.Newman et D.Forrai, "Scattering from a microstrip patch", *IEEE Trans. Antennas propagate.*, vol. AP-35, pp245-251, 1987.

Chapitre IV

Résultats numériques et discussions

IV-1 INTRODUCTION

Toute antenne possède deux faces, elle est connectée à un circuit et présente une impédance d'entrée et une fréquence de résonance d'une part, elle rayonne au loin, et est caractérisée par une directivité, un diagramme de rayonnement et une surface de captation, de l'autre part (schéma de la figure IV-1).

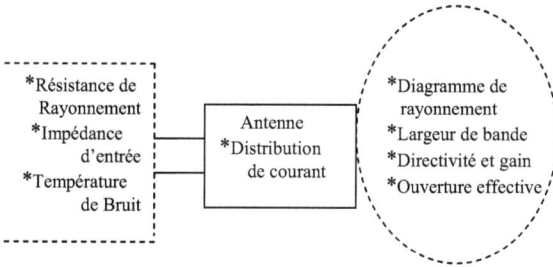

Figure IV.1 : Paramètres schématiques de l'antenne.

En effet, l'étude de toute antenne parvient à déterminer les paramètres d'entrée et de sortie de cette dernière. Dans ce chapitre nous allons présenter les résultats des calculs numériques de quelques paramètres caractérisant une antenne microruban de forme triangle équilatéral implantée sur trois types de structures différentes à savoir : la fréquence de résonance, la bande passante et le champ rayonné, en utilisant la MoM dans le domaine spectral et en suivant l'analyse théorique et les étapes de calculs mathématiques suscitées dans le chapitre III. Nous allons également tester l'effet du gap d'air et de l'anisotropie uniaxiale sur les caractéristiques de rayonnement de l'antenne considérée. Une comparaison avec l'antenne rectangulaire est aussi illustrée en fin du chapitre.

En effet, le système d'équations obtenu peut être résolu numériquement à l'ordinateur sans difficultés majeures en utilisant des logiciels spécifiques aux domaines des hyperfréquences, ou en programmant simplement l'ensemble des étapes de calculs mathématiques modélisant les structures, ce qui est le cas pour nous. Néanmoins, certains problèmes concernant les singularités et la durée de calcul peuvent se poser.

Il est évident que, quelque soit le soin apporté à l'accélération des algorithmes d'intégration, le temps de calcul peut devenir prohibitif. Par contre, on doit avoir recours à des techniques qui, sans modifier en rien (les développements théoriques), ont une influence considérable sur la rapidité du calcul [IV.1]. La technique adoptée dans cette étude consiste à introduire une interpolation sur les fonctions de Green en utilisant un schéma classique et en changeant le contour d'intégration [IV.2]. Cependant, pour calculer la fréquence de résonance et le champ rayonné, nos programmes ont été développés sur FORTRAN et MATLAB et exécutés sur un PC équipé d'un processeur Intel 3.5 GHz Pentium4 avec une RAM de 1GHz.

IV-2 ETUDE D'UNE ANTENNE PATCH EQUITRIANGULAIRE IMPLANTEE SUR UN SUBSTRAT MONOCOUCHE

La figure IV.2 illustre la structure à étudier, la partie métallique constituant l'antenne patch est un conducteur parfait (or, cuivre, argent…). Le substrat est un diélectrique isotrope, homogène et non magnétique, ou uniaxialement anisotrope. L'épaisseur du substrat est une fraction très petite de la longueur d'onde, environ *0.02λ* ou moins.

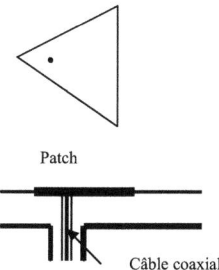

Figure IV.2 : Structure de l'antenne patch équitriangulaire monocouche.

IV-2-1 Effet de l'épaisseur et de la permittivité d'un substrat isotrope sur la fréquence de résonance et la bande passante

La plupart des travaux réalisés sur les antennes microrubans (rectangulaires, circulaires ou même triangulaires) en se basant sur différentes méthodes de calculs numériques [IV.2-5] ont montré l'effet conjugué de l'épaisseur du substrat et sa permittivité sur la variation de la fréquence de résonance et par conséquent la bande passante.

Quand l'épaisseur du substrat augmente, la partie réelle de la fréquence (Fr) a tendance à diminuer et la partie imaginaire (Fi) à augmenter. La bande passante quant à elle suit le même essor que la partie imaginaire, elle augmente quant le substrat à tendance à s'élargir. Par contre la fréquence de résonance est inversement proportionnelle à la permittivité du substrat.

Les tableaux (IV.1), (IV.2), (IV.3) et les figures (IV.3), (IV.4) confirment ces résultats et montrent la dépendance de la fréquence de résonance de la permittivité et de l'épaisseur du substrat. Le mode d'opération joue aussi un rôle important. Les calculs sont réalisés pour le mode fondamental TM_{10} et les quatres autres premiers modes en faisant une comparaison avec les travaux théoriques et expérimentaux établis dans ce sujet et reportés en littérature en utilisant la méthode des moments ou la méthode du modèle de la cavité.

La figure (IV.5) montre la variation de la bande passante en fonction de la fréquence de résonance pour $\varepsilon_r = 2.32$, $d=0.318$ et $d=0.159 cm$. On peut remarquer que la largeur de bande augmente si la fréquence de résonance augmente mais dans la gamme de 1 à 10 % seulement [IV.4] puisque les antennes microrubans sont fondamentalement à bande étroite.

Par exemple, nous pouvons constater que la largeur de bande est environ 1.69 % pour $\varepsilon_r = 2.32$, $d=0.159 cm$ quant la résonance se produit à 4 Ghz. De plus, nos résultats sont proches des résultats de [IV.4] utilisant la même méthode (MoM dans le domaine spectral) comme moyen de calcul.

L'utilisation de substrats a épaisseurs élevées offre donc une bande passante large, mais dans ce cas nous pouvons rencontrer deux types d'inconvénients majeurs : le problème des ondes de surfaces et le problème de couplage.

En général, nous pouvons constater que nos résultats sont relativement proches des résultats théoriques et expérimentaux, la différence est minime et ne dépasse pas les 19%.

Il faut noter que nous avons considéré une seule fonction de base pour l'évaluation et le calcul des fréquences. De plus, pour calculer la partie imaginaire de la fréquence complexe, le facteur de pertes de chaque diélectrique considéré pour la réalisation du substrat doit être connu.

Mode	fr.mes en Ghz [IV.3]	$f_r/f_{r,mes}$ [IV.6]	$f_r/f_{r,mes}$ [IV.3]	$f_r/f_{r,mes}$ [IV.7]	$f_r/f_{r,mes}$ [IV.8]	$f_r/f_{r,mes}$ Nos Résultats
TM_{10}	1.498	1.007	1.006	1.029	0.997	1.004
TM_{11}	2.596	1.001	1.005	1.022	0.994	0.996
TM_{20}	2.969	1.011	1.007	1.032	1.000	1.015
TM_{21}	3.968	1.001	1.002	1.022	0.993	1.003
TM_{30}	4.443	1.013	1.008	1.035	1.003	1.016

Tableau IV.1: Comparaison de la fréquence de résonance mesurée et théorique normalisées d'une antenne patch équitriangulaire pour ε_r =2.32, w =8.7cm, d =0.78mm.

Mode	$f_{r,mes}$ en Ghz [IV.3]	$f_r/f_{r,mes}$ [IV.6]	$f_r/f_{r,mes}$ [IV.3]	$f_r/f_{r,mes}$ [IV.7]	$f_r/f_{r,mes}$ [IV.8]	$f_r/f_{r,mes}$ Nos Résultats
TM_{10}	1.519	0.986	1.002	1.038	0.991	0.901
TM_{11}	2.637	0.984	1.006	1.036	0.997	1.027
TM_{20}	2.995	1.001	1.010	1.035	1.006	1.032
TM_{21}	3.973	0.998	1.016	1.050	1.003	0.996
TM_{30}	4.439	1.012	1.018	1.066	1.018	1.035

Tableau IV.2 : Comparaison de la fréquence de résonance mesurée et théorique normalisées d'une antenne patch équitriangulaire pour ε_r =10.5, w =4.1cm, d =0.7mm.

	$f_{r,mn}$ en Ghz			
	$\varepsilon_r = 2.32, d = 0.159cm$		$\varepsilon_r = 9.8, d = 0.0635cm$	
(m, n)	Nos résultats	Résultats de [IV.9]	Nos résultats	Résultats de [IV.9]
(1,0)	1.425	1.3	0.641	0.64
(1,1)	2.261	1.84	1.101	0.90
(2,0)	2.635	2.6	1.287	1.28
(2,1)	3.452	3.44	1.706	1.66
(3,0)	3.942	3.9	1.917	1.91

Tableau IV.3 : Résultats théoriques de la fréquence de résonance d'une antenne patch équitriangulaire de longueur latérale w =10cm.

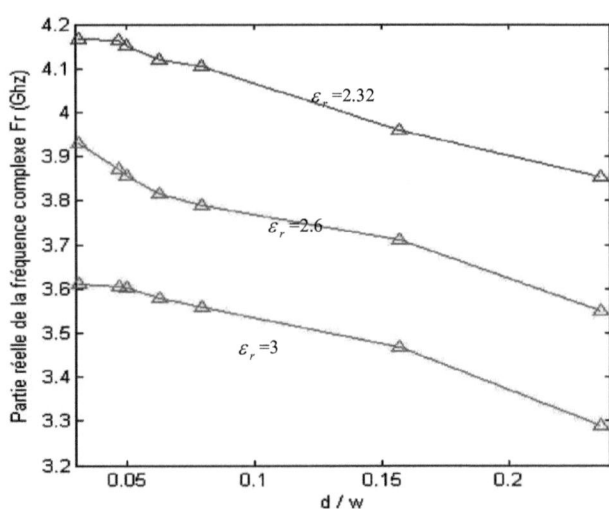

Figure IV.3 : Variation de la partie réelle de la fréquence de résonance en fonction de l'épaisseur normalisée du substrat d'une antenne patch équitriangulaire pour le mode TM10, $w=3.17cm$, $\varepsilon_r=2.32, 2.6, 3$.

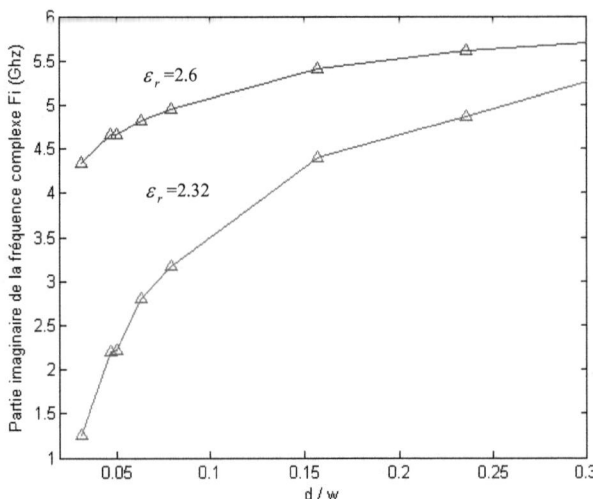

Figure IV.4 : Variation de la partie imaginaire de la fréquence de résonance en fonction de l'épaisseur du substrat normalisée d'une antenne patch équitriangulaire pour le mode TM10, $w=3.17cm$, $\varepsilon_r=2.32, 2.6$.

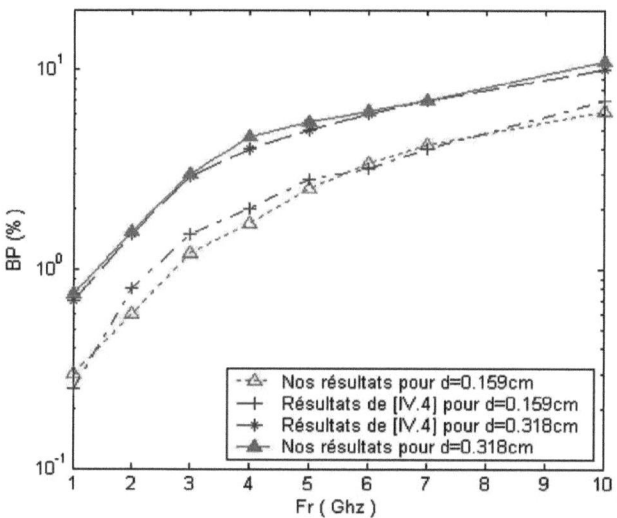

Figure IV.5 : Variation de la bande passante en fonction de la fréquence de résonance calculée d'une antenne patch équitriangulaire pour les modes TM10, ε_r =2.32.

IV-2-2 Effet des dimensions du patch sur la fréquence de résonance et la bande passante

Les figures (IV.6) et (IV.7) illustrent la variation de la partie réelle de la fréquence complexe en fonction de la longueur latérale du triangle ' w ' pour une dimension fixe du substrat diélectrique d=0.159cm, pour le mode TM_{10} et différentes valeurs de la permittivité d'une antenne de forme triangle équilatéral implantée sur un substrat isotrope. Elles montrent que la fréquence augmente avec la diminution de 'w'. D'autre part, nous remarquons que l'augmentation de la permittivité diminue considérablement les valeurs de la fréquence de résonance pour différentes valeurs de 'w'. Ceci donc montre l'importance du choix de la géométrie et les dimensions du patch. Un excellent accord est constaté entre nos résultats et ceux des références [IV.4] et [IV.10].

La figure (IV.8) montre la variation de la bande passante en fonction des longueurs latérales du patch triangulaire en fixant l'épaisseur et la permittivté du substrat. Nous pouvons constater que l'augmentation de la surface rayonnante engendre l'élargissement de la bande passante, mais dans ce cas nous pouvons rencontrer des problèmes de pertes ohmiques et un emcombrement sur la surface de l'antenne.

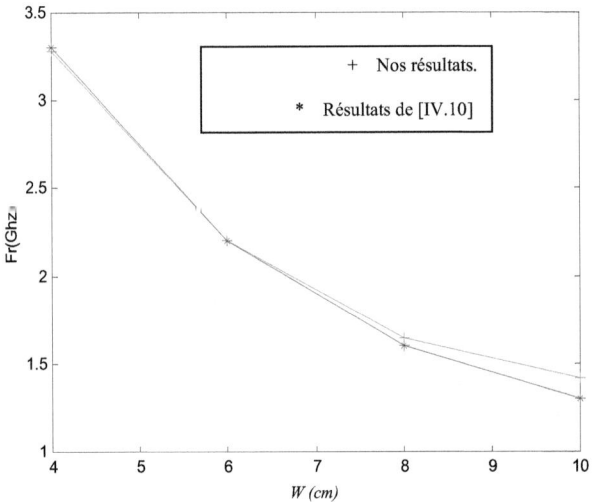

Figure IV.6: Variation de la fréquence de résonance en fonction de la longueur latérale du triangle pour le mode TM10, d =0.159cm, ε_r =2.32.

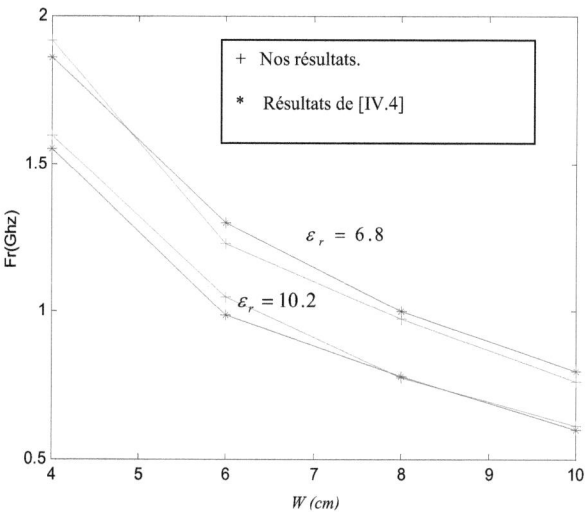

Figure IV.7: Variation de la fréquence de résonance en fonction de la longueur latérale du triangle pour le mode TM10, $d = 0.159 cm$, $\varepsilon_r = 6.8$, $\varepsilon_r = 10.2$.

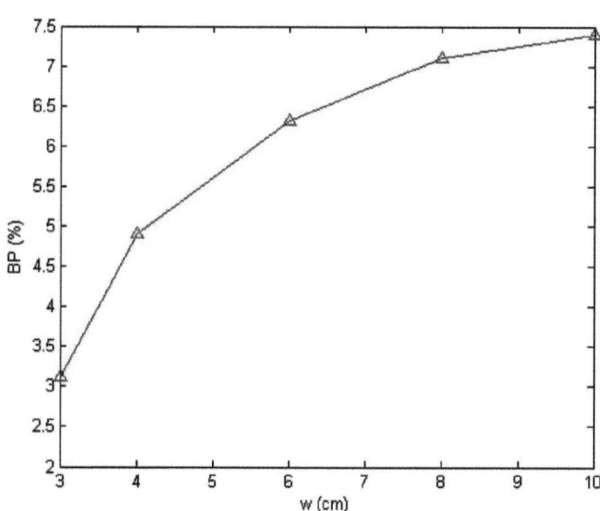

Figure IV.8 : Variation de la bande passante en fonction des dimensions du patch pour le mode TM10, $d=0.159cm$, $\varepsilon_r = 2.32$.

IV-2-3 Effet de l'anisotropie uniaxiale sur la fréquence de résonance et la bande passante

L'influence d'un substrat monocouche uniaxialement anisotrope sur la fréquence de résonance et la bande passante d'une antenne microruban équitriangulaire est aussi étudiée et évaluée. La figure (IV.9) montre la variation de la partie réelle de la fréquence complexe en fonction de l'épaisseur du substrat pour une antenne avec un patch triangulaire de longueur latérale $w=1.86cm$. La figure (IV.10) illustre la variation de la fréquence en fonction des dimensions du même patch en considérant le cas isotrope, l'anisotropie positive et l'anisotropie négative. Il est montré que si l'on fait varier la permittivité le long de l'axe optique ε_z en maintenant ε_x constante, les fréquences augmentent considérablement dans le cas de l'anisotropie négative par rapport au cas isotrope et décroissent considérablement dans le cas de l'anisotropie positive. Le même comportement est observé pour la bande passante, comme le montre la figure (IV.11). Par contre si la permittivité le long de l'axe optique est maintenue constante et on faisant changer ε_x, le comportement des fréquences de l'antenne dans ce cas n'est pas signifiant, les valeurs sont presque identiques au cas isotrope.

On peut dire que les caractéristiques de rayonnement d'une antenne patch triangulaire implantée sur un substrat uniaxialement anisotrope sont fortement dépendantes de la permittivité le long de l'axe optique seulement. Il faut noter que cette hypothèse a été déjà démontrée et prouvée analytiquement par certains travaux pour les antennes microrubans rectangulaires [IV.2], circulaires et annulaires [IV.11].

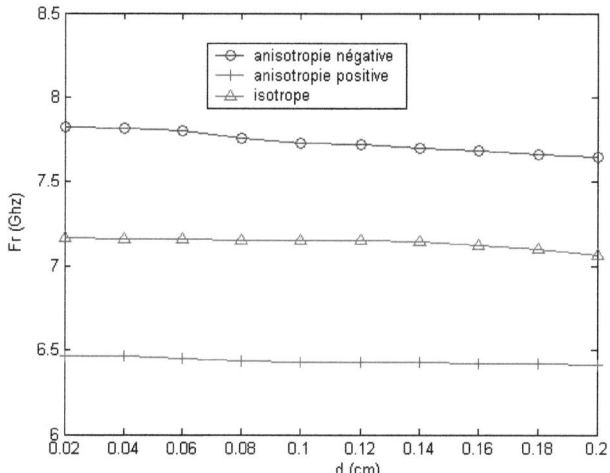

Figure   pour le mode TM10 en fonction de l'épaisseur du substrat pour différentes paires de permittivité: isotrope

$$(\varepsilon_x, \varepsilon_z) = (2.35, 2.35)$$

anisotropie uniaxiale positive $(\varepsilon_x, \varepsilon_z) = (2.35, 2.86)$ et anisotropie uniaxiale négative $(\varepsilon_x, \varepsilon_z) = (2.35, 1.88)$

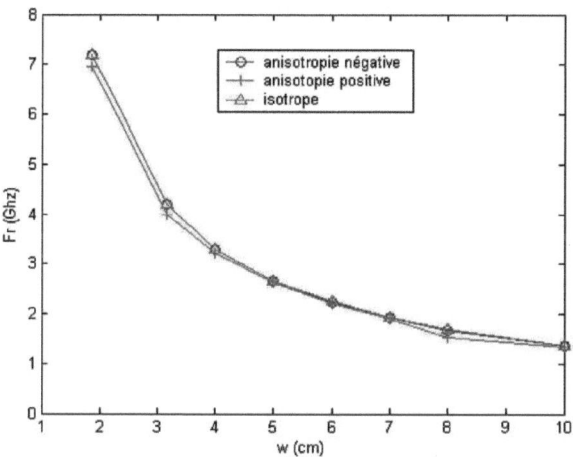

Figure VI.10 : Variation de la fréquence de résonance d'une antenne patch équitriangulaire pour le mode TM10 en fonction des dimensions du patch pour différentes paires de permittivité: isotrope

$$(\varepsilon_x, \varepsilon_z) = (2.32, 2.32)$$

anisotropie uniaxiale positive $(\varepsilon_x, \varepsilon_z) = (1.16, 2.32)$ et anisotropie uniaxiale négative $(\varepsilon_x, \varepsilon_z) = (4.64, 2.32)$

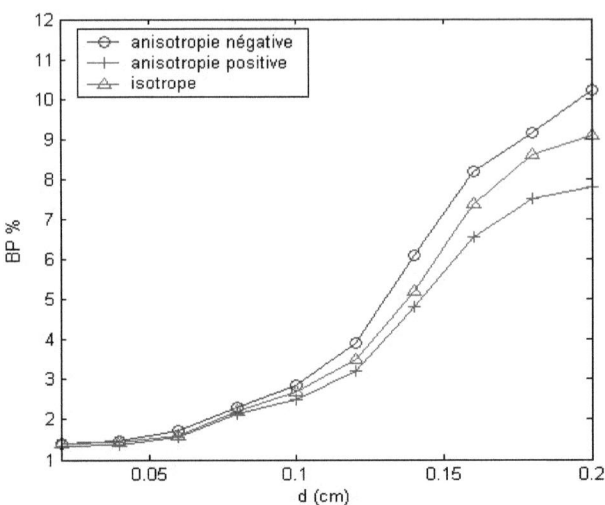

Figure IV.11 : Variation de la bande passante d'une antenne patch équitriangulaire pour le mode TM10 en fonction de l'épaisseur du substrat pour différentes paires de permittivité: isotrope $(\varepsilon_x, \varepsilon_z) = (2.35, 2.35)$ anisotropie uniaxiale positive $(\varepsilon_x, \varepsilon_z) = (2.35, 2.86)$ et anisotropie uniaxiale négative $(\varepsilon_x, \varepsilon_z) = (2.35, 1.88)$

IV-2-4 Comportement du rayonnement de l'antenne en fonction de ses paramètres

Nous représentons dans cette section les diagrammes de rayonnement autour de la résonance pour différentes valeurs de l'épaisseur du substrat et pour quelques modes, en testant l'effet de l'anisotropie uniaxiale. Cependant, les résultats des figures (IV.12.a, b, c et d) sont obtenus en considérant une antenne microruban équitriangulaire de longueur latérale
$w = 10cm$ implantée sur un substrat monocouche isotrope. Pour cette longueur, les fréquences de résonance des cinq premiers modes (en utilisant la méthode du modèle de la cavité [IV.9] ou notre approche) pour $\varepsilon_r = 2.32$, $d = 0.159cm$ et $\varepsilon_r = 9.8$, $d = 0.0635cm$ sont représentées dans le tableau (IV.3) dans la section IV.2.1. En traçant les courbes du champ des deux modes TM_{10} et TM_{21} dans le plan E (Eθ, $\varphi=0°$) ou le plan H (Eφ, $\varphi=90°$) en fonction de θ, Nous pouvons constater que le maximum de rayonnement est localisé dans le plan horizontal.

Les figures confirment que la polarisation des deux modes est presque identique à θ=0°. Ceci suggère que l'antenne patch équitriangulaire analysée en utilisant notre approche peut opérer à la fréquence de résonance des deux modes TM_{10} et TM_{21} avec des caractéristiques de rayonnement semblables. Les mêmes résultats ont été observés et reportés par [IV.9] en utilisant la méthode du modèle de la cavité.

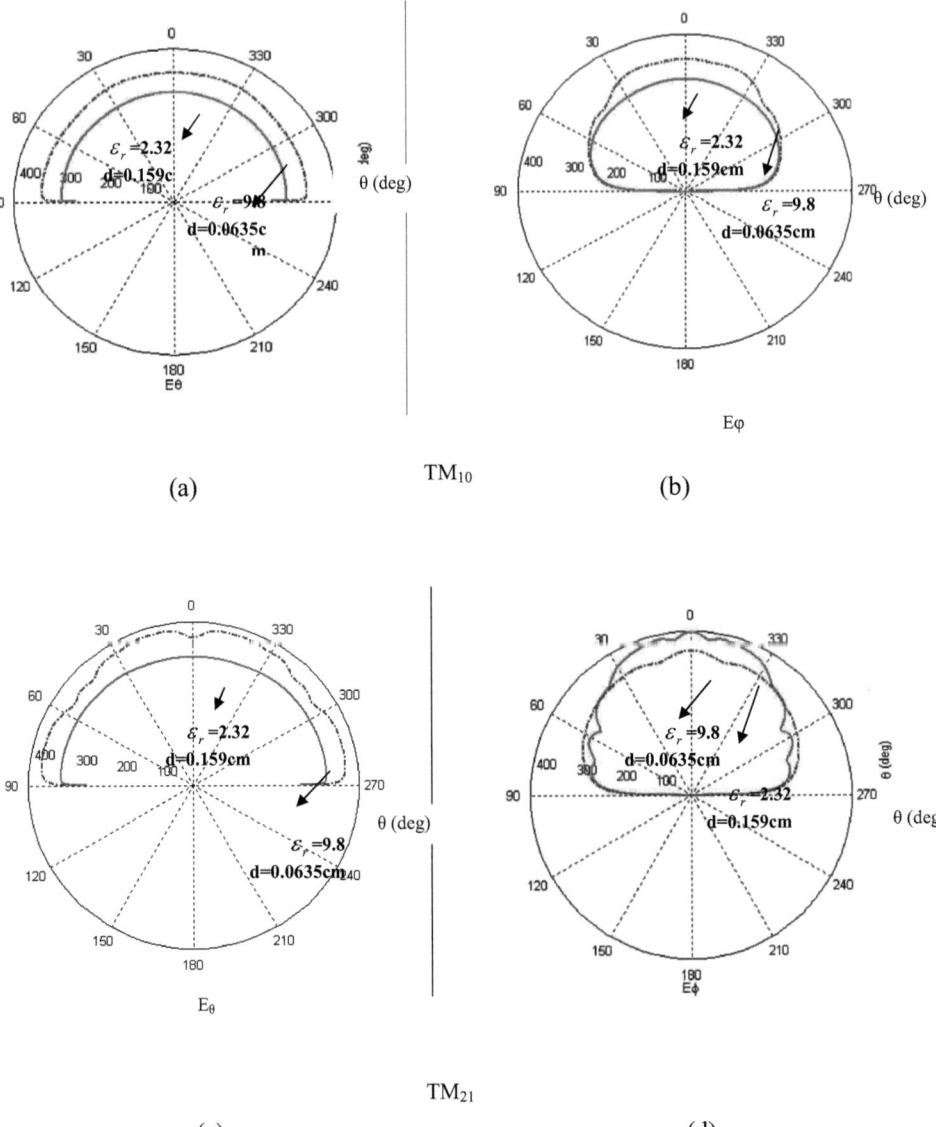

Figure IV.12 : Diagramme de rayonnement autour de la résonance en fonction de θ

Modes TM_{10} et TM_{21}

(a) et (c) Plan E ($\varphi=0°$), (b) et (d) Plan H ($\varphi=90°$)

(b)

Les figures (IV.13.a et b) montrent que le champ dans les plans E et H calculé en dB et tracé dans le demi plan $0 \leq \theta \leq 90°$ (la largeur du faisceau du champ présente une symétrie dans la direction latérale ($\theta=0°$)), pour $d=0.159cm$, $f_r=1Ghz$ et $\varepsilon_r = 2.32$ et $\varepsilon_r =10.2$ s'avère fort et intense dans la direction latérale ($\theta=0°$). La largeur du faisceau à -3db s'étend jusqu'à 60° pour le premier cas ($\varepsilon_r = 2.32$) et jusqu'à 70° pour le deuxième cas. Cependant, Nos résultats sont très proches des résultats de [IV.4] et [IV.10] et les courbes confirment de plus que l'intensité du champ augmente avec l'augmentation de la permittivité.

Les figures (IV.14.a et b) et (IV.15.a et b) montrent l'effet de l'anisotropie uniaxiale sur le diagramme de rayonnement d'une antenne patch équitriangulaire de dimensions ($w=1.86cm$, $d=0.2cm$), résonant à une fréquence $f_r=5.074$ Ghz en fonction de l'angle θ à $\varphi=0°$ (plan E) et à $\varphi=\pi/2$ (plan H) respectivement, où des substrats isotropes, uniaxilement anisotropes (positifs et négatifs) sont considérés pour les deux cas proposés (si ε_z est changée ou bien ε_x). Généralement nous pouvons déduire les mêmes conclusions et remarques déjà présentées pour le cas de la fréquence de résonance, la constante diélectrique le long de l'axe optique agit considérablement sur le rayonnement de l'antenne patch triangulaire d'une part, d'autre part l'anisotropie uniaxiale n'a pas un effet considérable sur les caractéristiques de rayonnement de l'antenne quant on fait changer ε_x selon les figures (IV.15.a et b), les courbes sont presque identiques. Cependant, on peut confirmer que le faisceau du champ normalisé n'est pas large mais s'avère plus intense dans la direction latérale ($\theta=0°$), la largeur du faisceau s'étend jusqu'à 60°.

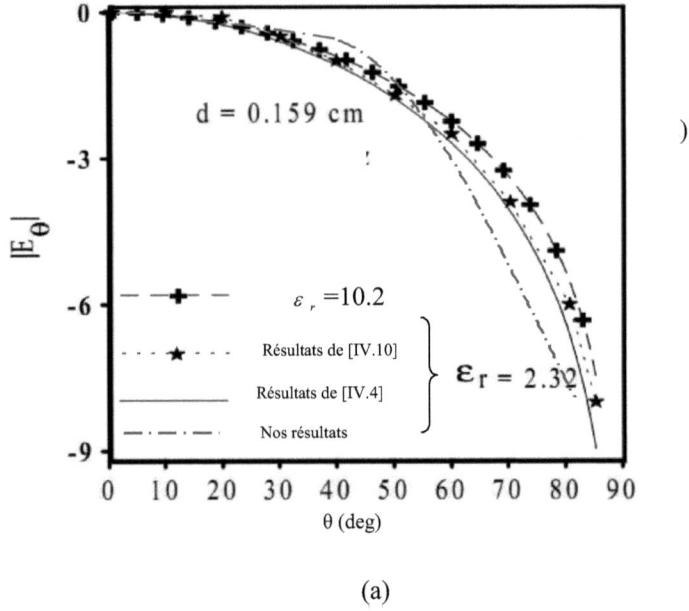

(a)

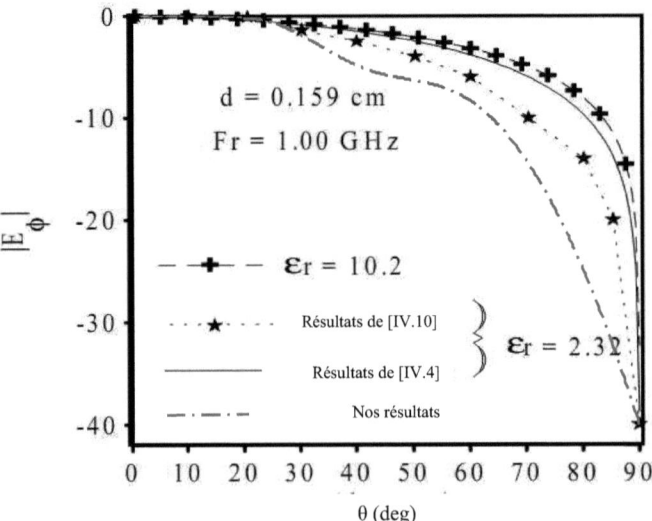

Figure IV.13: Diagramme de rayonnement autour de la résonance en fonction de θ pour f_r=1 Ghz, Mode TM$_{10}$; (a) Plan E (φ=0°), (b) Plan H (φ=90°)

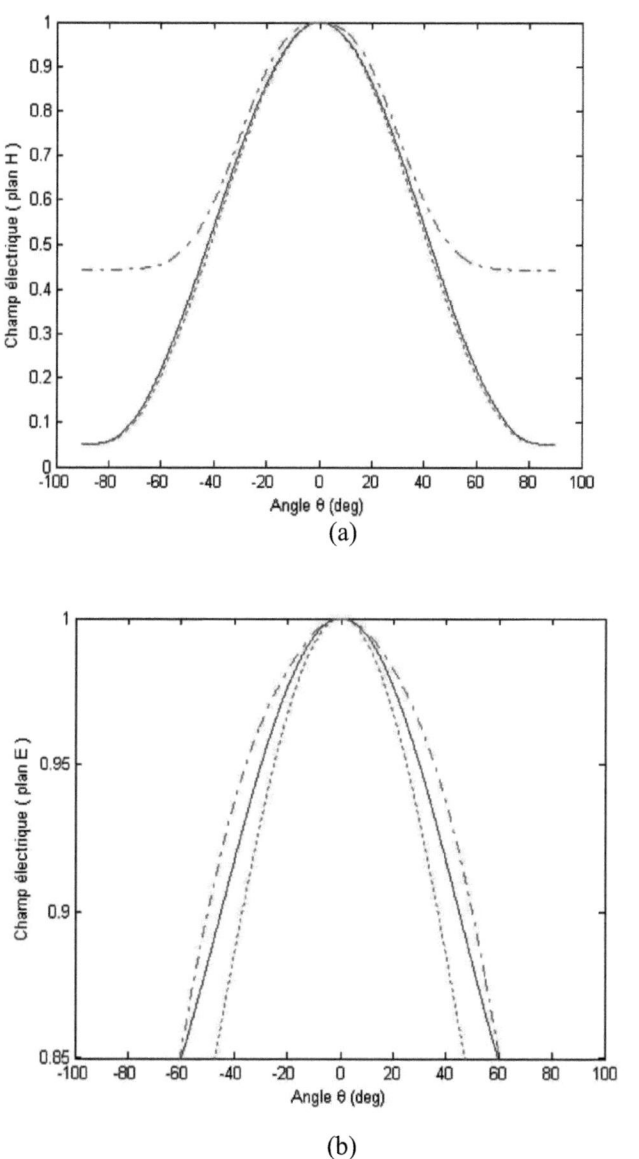

—— $(\varepsilon_x, \varepsilon_z) = (5,5)$, ········· $(\varepsilon_x, \varepsilon_z) = (5,6.4)$, ----- $(\varepsilon_x, \varepsilon_z) = (5,3.6)$

Figure IV.14 : Diagramme de rayonnement autour de la résonance en fonction de θ

pour f_r=5.074 *Ghz*,

pour les cas de l'anisotropie positive, l'isotropie et l'anisotropie negative, quand on change ε_z

(a) Plan H (φ=90°) ; (b) Plan E (φ=0°)

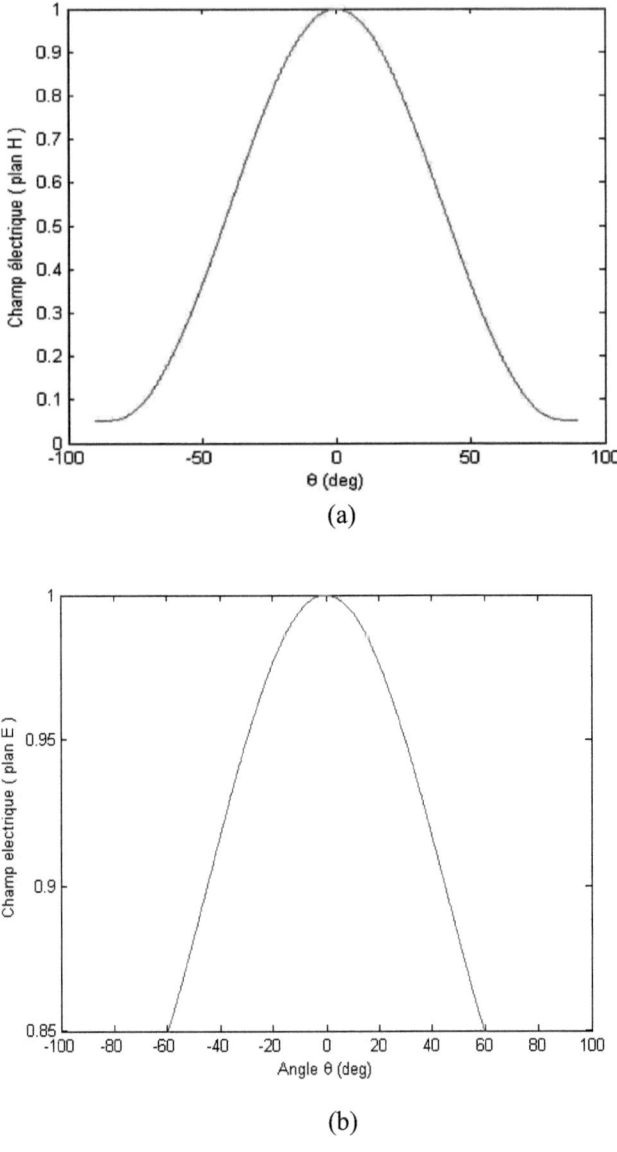

—— $(\varepsilon_x,\varepsilon_z)=(5,5)$; .... $(\varepsilon_x,\varepsilon_z)=(6.4,5)$, - - - - $(\varepsilon_x,\varepsilon_z)=(3.6,5)$

Figure IV.15 : Diagramme de rayonnement autour de la résonance en fonction de θ pour f_r=5.074 *Ghz*, pour les cas de l'anisotropie positive, l'isotropie et l'anisotropie negative, quand on change ε_x

(a) Plan H (φ=90°) ; (b) Plan E (φ=0°)

IV-3 ETUDE D'UNE ANTENNE PATCH EQUITRIANGULAIRE IMPLANTEE SUR UN SUBSTRAT BI-COUCHES ET EFFET DU GAP D'AIR

On considère dans cette section la structure illustrée par la figure (III.7), l'effet du gap d'air sera étudié sur la fréquence de résonance, la bande passante et le champ rayonné. L'influence de l'anisotropie uniaxiale sera aussi testée.

IV-3-1 Effet de la permittivité équivalente et du gap d'air sur la fréquence de résonance

La figure (IV.16) représente la variation de la permittivité équivalente ε_{equi} donnée par la relation (II.9) en fonction de l'épaisseur du gap d'air d_g pour le mode fondamental et différentes permittivités, nous remarquons que cette dernière diminue rapidement lorsque l'épaisseur du gap d'air augmente, jusqu'à atteindre une certaine valeur puis devient constante et tend vers la permittivité relative de l'air. Dans la figure (IV.17) nous présentons la variation de la permittivité équivalente ε_{equi} en fonction de la fréquence de résonance pour les modes TM_{10} et TM_{11} d'une antenne dotée d'un substrat isotrope de permittivité $\varepsilon_r=6.4$. La fréquence de résonance a tendance à diminuer quand ε_{equi} augmente. Cependant, les résultats présentés par le tableau (IV.4) indiquent la relation entre l'épaisseur du gap d'air, le mode et la fréquence de résonance. Nos résultats sont proches de ceux de la référence [IV.8] et confirment que la fréquence de résonance augmente en élargissant le gap d'air. Les courbes de la figure (IV.18) y sont aussi témoins. Les fréquences sont normalisées par rapport à la fréquence calculée à partir de la formule issue du modèle de la cavité, elles sont en bon accord avec les résultats de Gurel [IV.8]. Les fréquences augmentent jusqu'à atteindre un seuil où elles se stabilisent à une certaine valeur puis subissent une légère chute.

On peut donc changer la fréquence de résonance d'une antenne microruban équitriangulaire et par conséquent ses caractéristiques de rayonnement en agissant simplement sur un ajustable gap d'air inséré sous le diélectrique. Nous allons prouver par la suite que ce gap peut être inséré au milieu du substrat diélectrique pour éviter le contact air-plan de masse.

		$f_{r,mn}$ en Ghz				
	Résultats de [IV.8]			Nos résultats		
		dg (mm)			dg (mm)	
(m, n)	0	0.5	1	0	0.5	1
(1,0)	1.278	1.436	1.509	1.3053	1.4225	1.5280
(1,1)	2.224	2.486	2.613	2.2794	2.5147	2.6035
(2,0)	2.556	2.871	3.018	2.6350	3.0212	3.2375
(2,1)	3.398	3.798	3.992	3.4797	3.9936	4.2653
(3,0)	3.834	4.307	4.526	3.9436	4.5251	4.8463

Tableau IV.4 : Résultats théoriques de la fréquence de résonance d'une antenne patch équitriangulaire bi-couches avec gap d'air de longueur latérale $w=10cm$, $\varepsilon_r=2.32$, $d=0.159cm$.

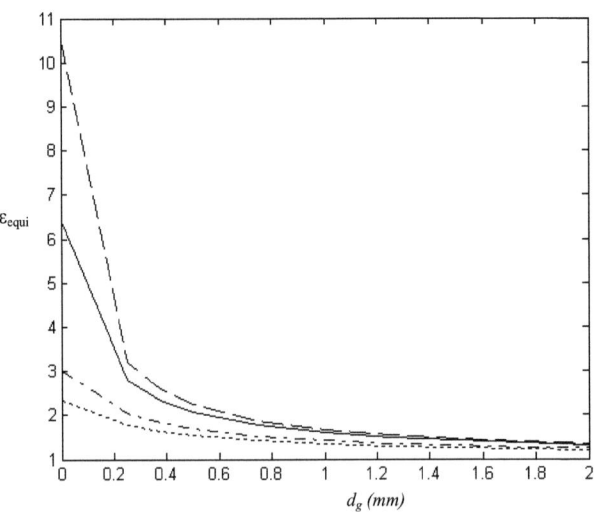

Figure IV.16 : Variation de la permittivité équivalente en fonction de l'épaisseur du gap d'air d'une antenne patch équitriangulaire bi-couches pour le mode TM_{10}, $d=0.795mm$, $w=10cm$.

.... $\varepsilon_r=2.32$, -·-· $\varepsilon_r=3$, —— $\varepsilon_r=6.4$, -●- $\varepsilon_r=10.5$

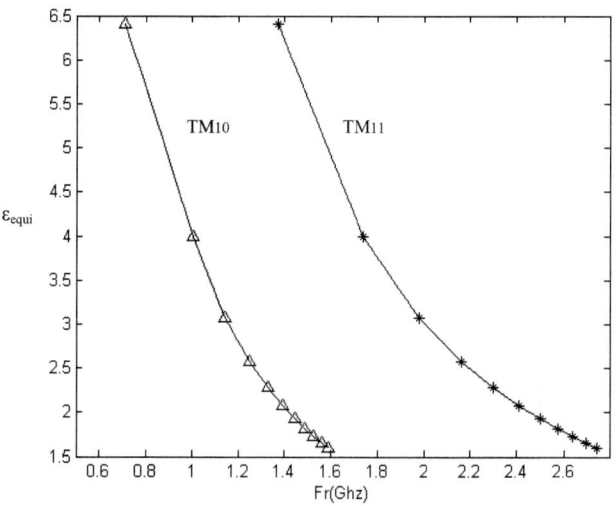

Figure IV.17 : Variation de la permittivité équivalente en fonction de la fréquence de résonance d'une antenne patch équitriangulaire bi-couches pour, $\varepsilon_r=6.4$, $d=0.795mm$, $w=10cm$.

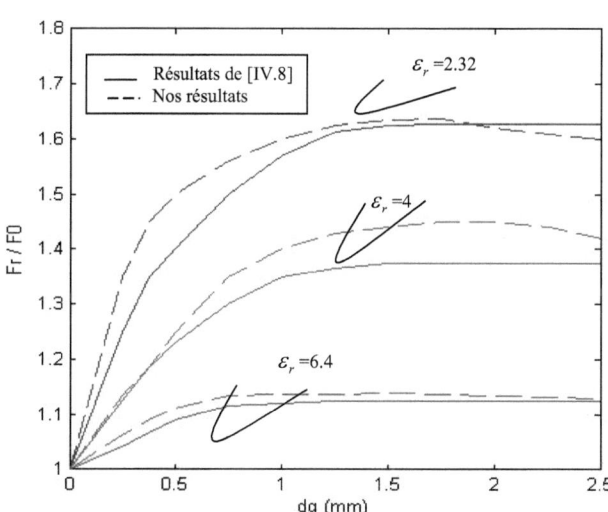

Figure IV.18 : Variation de la fréquence de résonance normalisée en fonction de l'épaisseur du gap d'air d'une antenne patch équitriangulaire bi-couches pour le mode TM_{10}, $d=1.8mm$, $w=4cm$.

IV-3-2 Effet du gap d'air sur la bande passante

L'effet du gap d'air sur la bande passante d'une antenne équitriangulaire bi-couches de dimensions (d=0.508mm, w=15.5mm) dotée d'un diélectrique isotrope de permittivité ε_r=2.2 est aussi examiné et étudié. La figure (IV.19) montre une comparaison entre nos résultats et les mesures effectuées par Siddiqui et Guha [IV.12]. D'après les courbes, les résultats sont très proches et indiquent qu'il y a une relation de proportionalité entre la bande passante et l'épaisseur du gap d'air.

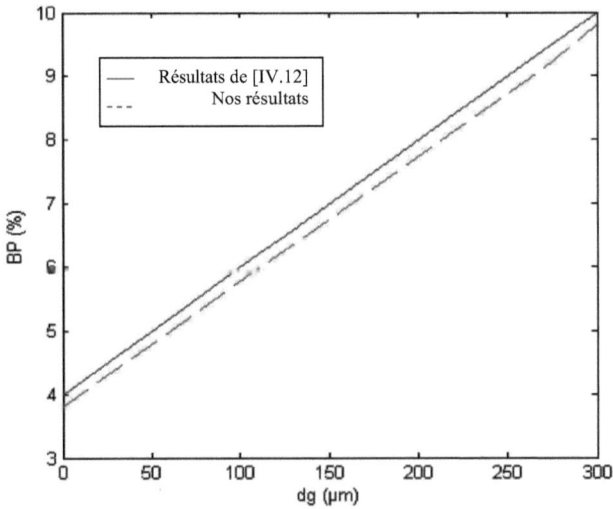

Figure IV.19 : Variation de la bande passante en fonction de l'épaisseur du gap d'air d'une antenne patch équitriangulaire bi-couches pour le mode fondamental TM_{10}.

IV-3-3 Effet conjugué gap d'air-anisotropie uniaxiale

L'effet conjugué de l'anisotropie uniaxiale du substrat et d'un gap d'air inséré entre le plan de masse et le diélectrique sur la fréquence de résonance d'une antenne équitriangulaire bi-couches de dimensions (d=1.8mm, w=4cm) est étudié dans cette section en considérant le cas isotrope $(\varepsilon_x, \varepsilon_z) = (2.32, 2.32)$, l'anisotropie positive $(\varepsilon_x, \varepsilon_z) = (2.32, 2.82)$ et l'anisotropie négative $(\varepsilon_x, \varepsilon_z) = (2.32, 1.88)$

Nous constatons que la fréquence de résonance croit rapidement suite à l'augmentation de l'épaisseur du gap d'air jusqu'à atteindre une valeur maximale puis décroît, avec un décalage vers des valeurs supérieures pour le cas de l'anisotropie négative et vers des valeurs inférieures dans le cas de l'anisotropie positives par rapport au cas isotrope (Figure (IV.20)). Ceci a été démontré dans le paragraphe IV.2.3 pour le cas d'un substrat mono couche.

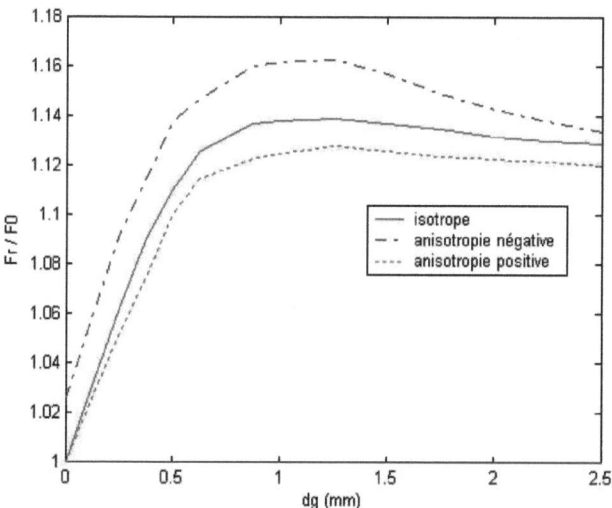

Figure IV.20 : Variation de la fréquence de résonance normalisée d'une antenne patch équitriangulaire bi-couches pour le mode TM10 en fonction de l'épaisseur du gap d'air pour différentes paires de permittivité: isotrope $(\varepsilon_x, \varepsilon_z) = (2.32, 2.32)$ anisotropie uniaxiale positive $(\varepsilon_x, \varepsilon_z) = (2.32, 2.82)$ et anisotropie uniaxiale négative $(\varepsilon_x, \varepsilon_z) = (2.32, 1.88)$

IV-4-4 Comportement du rayonnement de l'antenne bi-couches avec gap d'air

L'effet d'un gap d'air inséré entre le plan de masse et un substrat isotrope de permittivité relative $\varepsilon_r = 2.32$ sur le rayonnement d'une antenne microbande équitriangulaire de dimensions (d=1.8mm, w=4cm) est illustré dans les Figures (IV.21.a et b). Le diagramme de rayonnement normalisé donnée en dB dans les plan E et H pour le mode TM_{10} en fonction de l'espacement du gap d_g montre une diminution de l'ouverture a -3 dB avec l'augmentation de l'épaisseur de l'air gap dans le plan E. On constate aussi que le diagramme de rayonnement dans le plan E passe par un minimum à θ= 0° contrairement au cas de l'antenne monocouche, le faisceau du champ est très étroit dans cette direction, mais s'avère intense dans la direction latérale à

θ= -10° et θ= +10° et s'étend de -60° à +60° à -3 dB.

Par contre, le diagramme de rayonnement du plan H est insensible aux variations de l'épaisseur du gap et ses valeurs en dB son minimes. On peut remarquer aussi que le maximum du champ est localisé dans le plan E.

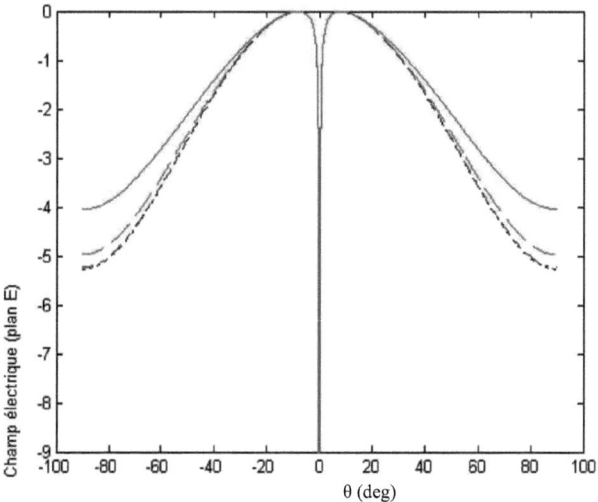

(a)

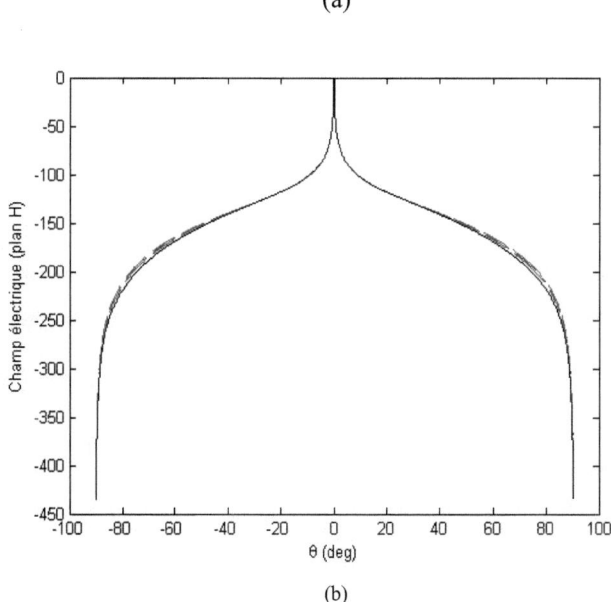

(b)

Figure IV.21 : Diagramme de rayonnement autour de la résonance en fonction de θ, d'une antenne équitriangulaire bi-couches pour le mode TM_{10}, ε_r =2.32 en fonction du gap d'air

— d_g =0mm,   – – d_g =0.25mm,   – · – d_g =0.5mm,   ······ d_g =1mm,

(a) Plan E (φ=0°) ; (b) Plan H (φ=90°)

IV-4 ETUDE D'UNE ANTENNE PATCH EQUITRIANGULAIRE IMPLANTEE SUR UN SUBSTRAT TRI-COUCHES ET EFFET DU GAP D'AIR AU MILIEU

La structure de la figure (III.8) avec un patch équitriangulaire sera considérée dans cette partie, l'effet d'un gap d'air inséré au milieu du substrat isotrope de l'antenne microruban sur la fréquence de résonance, la bande passante et le champ rayonné sera rigoureusement étudié.

IV-4-1 Effet de la permittivité équivalente et du gap d'air sur la fréquence de résonance

La figure (IV.22) représente la variation de la permittivité équivalente ε_{equi} donnée par la relation (II.10) en fonction de l'épaisseur du gap d'air d_g pour le mode fondamental et différentes permittivités d'une antenne microruban équitriangulaire tri-couches de dimensions ($2d=1.59mm$, $w=10cm$), les mêmes remarques sont observées ici par rapport au cas précédent. ε_{equi} diminue rapidement lorsque d_g augmente, jusqu'à atteindre une certaine valeur puis elle tend vers la permittivité relative de l'air. Dans les figures (IV.23) (IV.24) nous représentons la variation de la permittivité équivalente ε_{equi} en fonction de la fréquence de résonance des modes TM_{10} et TM_{11} pour deux substrats isotropes différents de permittivités $\varepsilon_r=3$ et $\varepsilon_r=10.5$ respectivement. Dans ce cas aussi le même comportement est observé, les fréquences de résonance diminuent quand ε_{equi} augmente, la différence se situe uniquement dans les valeurs des fréquences. Cependant, les résultats présentés dans le tableau (IV.5) confirment que les valeurs de la fréquence de résonance d'une antenne microruban équitriangulaire tri-couches avec un gap d'air inséré au milieu du substrat sont moins importantes que celles d'une antenne microruban équitriangulaire bi-couches avec un gap d'air inséré entre le plan de masse et le substrat malgré que les deux antennes possèdent les mêmes caractéristiques et dimensions.

La figure (IV.25) illustre la variation des fréquences de résonance pour différentes épaisseurs du substrat diélectrique ($d=1.2mm$, $1.4mm$ et $2mm$) en fonction du gap, on peut remarquer que seule la courbe correspondante à $d=1.2mm$ subit une stabilisation puis une légère chute arrivant à un certain seuil, autrement le comportement des fréquences est le même. La fréquence augmente avec l'élargissement du gap d'air et diminue en augmentant l'épaisseur du substrat. Ceci s'explique par le fait que si le substrat est divisé en deux parties similaires et séparé par un gap d'air, la valeur du seuil est multipliée par deux, et puisque nous avons choisi une épaisseur maximale $d_g=3mm$, les trois autres courbes ne peuvent pas atteindre un seuil remarquable pour subir une diminution à moins de $3mm$.

	$f_{r,mn}$ en Ghz					
	Résultats de l'antenne tri-couches			Résultats de l'antenne bi-couches		
	dg (mm)			dg (mm)		
(m, n)	0	0.5	1	0	0.5	1
(1,0)	1.3053	1.4126	1.5029	1.3053	1.4225	1.5280
(1,1)	2.2794	2.4807	2.5875	2.2794	2.5147	2.6035
(2,0)	2.6230	2.8612	3.0897	2.6350	3.0212	3.2375
(2,1)	3.4770	3.7192	3.9884	3.4797	3.9936	4.2653
(3,0)	3.9392	4.2779	4.5185	3.9436	4.5251	4.8463

Tableau IV.5 : Résultats théoriques de la fréquence de résonance des antennes patch équitriangulaires bi-couches et tri-couches avec gap d'air de longueur latérale $w=10cm$, $\varepsilon_r=2.32$, $d=0.159cm$.

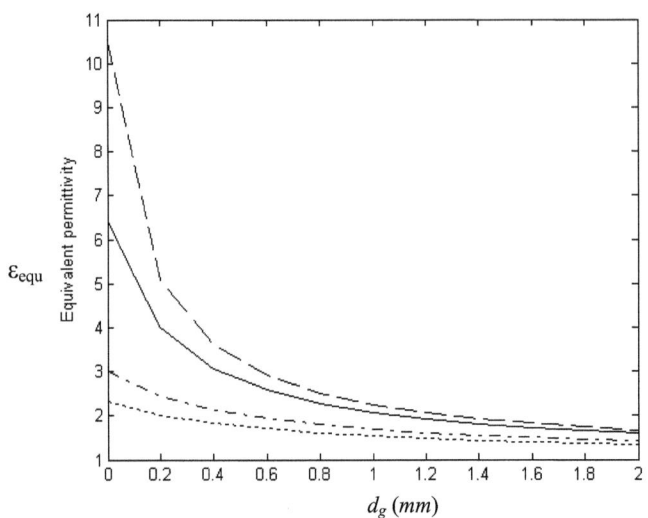

Figure IV.22 : Variation de la permittivité équivalente en fonction de l'épaisseur du gap d'air d'une antenne patch équitriangulaire tri-couches pour le mode TM$_{10}$,

········ $\varepsilon_r=2.32$, -·- $\varepsilon_r=3$, —— $\varepsilon_r=6.4$, --- $\varepsilon_r=10.5$

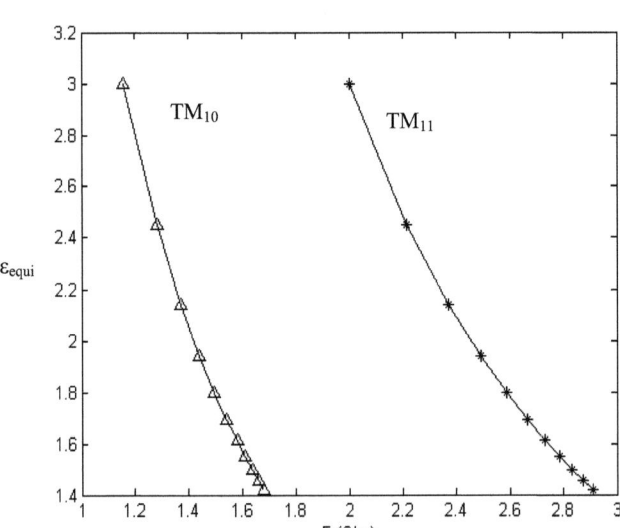

Figure IV.23 : Variation de la permittivité équivalente en fonction de la fréquence de résonance d'une antenne patch équitriangulaire tri-couches pour, $\varepsilon_r=3$, $2d=1.59mm$, $w=10cm$.

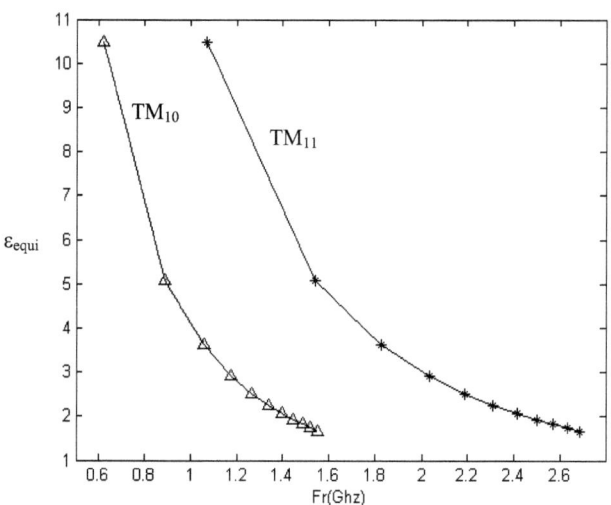

Figure IV.24 : Variation de la permittivité équivalente en fonction de la fréquence de résonance d'une antenne patch équitriangulaire tri-couches pour, $\varepsilon_r=10.5$, $2d=1.59mm$, $w=10cm$.

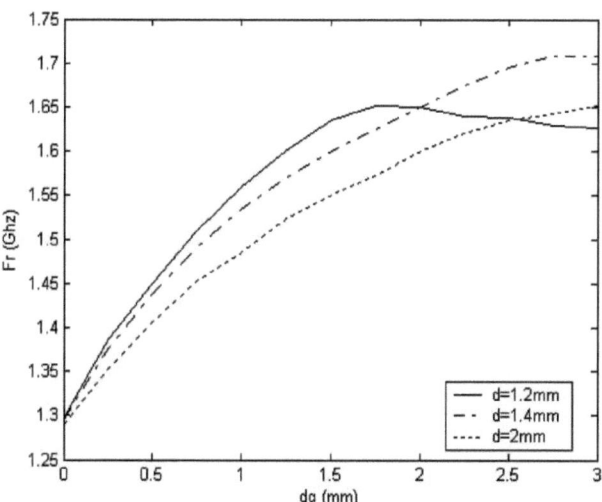

Figure IV.25 : Variation de la fréquence de résonance en fonction de l'épaisseur du gap d'air d'une antenne patch équitriangulaire tri-couches pour le mode TM_{10}, $\varepsilon_r=2.32$, $w=10cm$ et différentes épaisseurs du substrat.

IV-4-2 Effet du gap d'air sur la bande passante

La figure (IV.26) montre la variation de la bande passante d'une antenne équitriangulaire tri-couches de dimensions ($d=1.2mm$, $w=10cm$). Le substrat est un diélectrique isotrope de permittivité $\varepsilon_r=2.32$. La bande passante s'élargie en augmentant l'épaisseur du gap, et augmente de quelques % par rapport aux cas précedents.

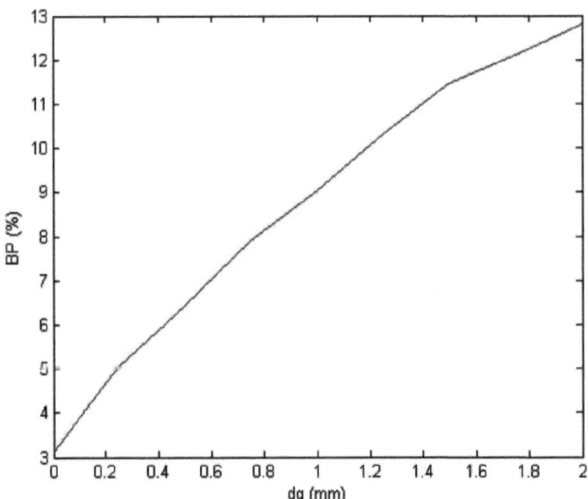

Figure IV.26 : Variation de la bande passante en fonction de l'épaisseur du gap d'air d'une antenne patch équitriangulaire tri-couches pour le mode TM_{10}.

IV-4-3 Comportement du rayonnement de l'antenne tri-couches avec gap d'air au milieu du substrat

L'effet du gap d'air inséré au milieu d'un substrat isotrope de permittivité relative ε_r =2.32 sur le rayonnement d'une antenne microbande équitriangulaire de dimensions (d=0.795mm, w=10cm) est illustré dans les Figures (IV.27.a et b).

D'après la figure (IV.27.a) le diagramme de rayonnement normalisé dans le plan E pour le mode TM_{10} (en dB) en fonction de l'espacement du gap d_g montre une importante diminution de l'ouverture à -3 dB avec l'augmentation de l'épaisseur de l'air gap.

Il est montré à partir de la Figure (IV.27.b) que le diagramme de rayonnement du plan H reste insensible aux variations de l'épaisseur du gap et la largeur de son faisceau est très étroite comme dans le cas de l'antenne triangulaire bi-couches. Par contre, on peut remarquer que le maximum du champ est localisé dans le plan E, dans ce cas le diagramme de rayonnement se divise en deux lobes principaux, et le champ s'avère intense dans la direction latérale à

θ= -30° et θ= +30° et s'étend de -50° à +50°.

Dans la figure (IV.28, a et b) le diagramme de rayonnement dans le plan E tracé en dB pour ε_r=6.4 et ε_r=10.5, se divise en deux lobes secondaires et un lobe principal dans la direction θ= 180°, et montre de même une diminution avec l'augmentation de l'épaisseur du gap. On constaste aussi qu'en augmentant la permittivité du substrat, on peut créer un lobe principal plus directif même s'il est très étroit.

Cependant, on peut augmenter la directivité d'une antenne microbande à patch équitriangulaire en introduisant un air gap au milieu du substrat et en augmentant la permittivité du substrat.

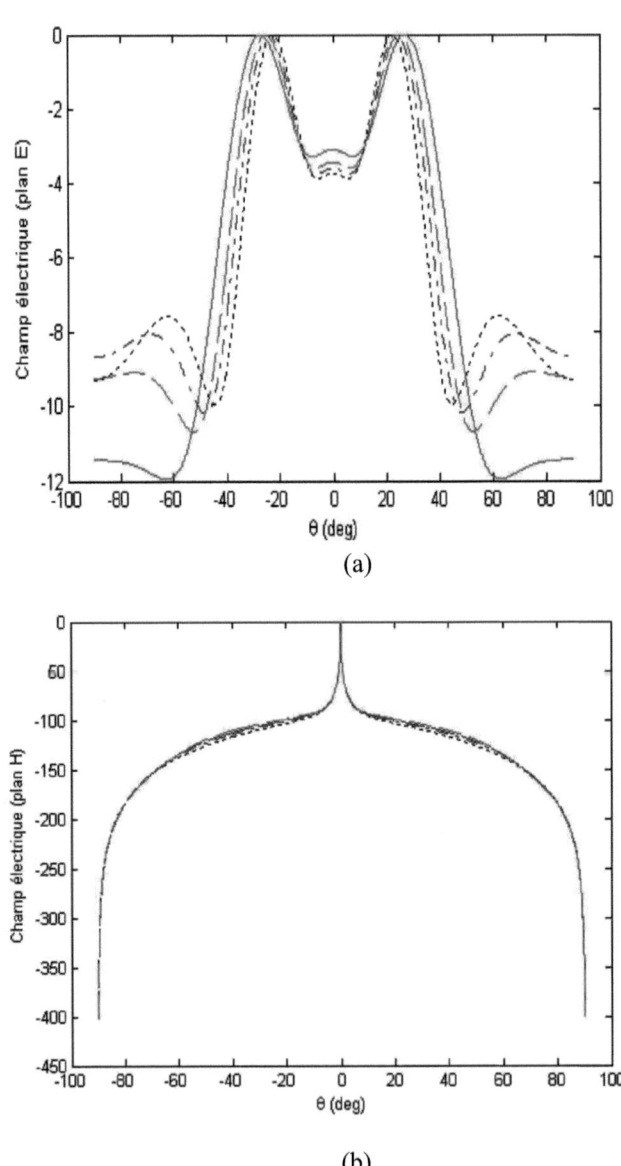

Figure IV.27 : Diagramme de rayonnement autour de la résonance en fonction de θ, d'une antenne équitriangulaire tri-couches pour le mode TM_{10}, ε_r =2.32 en fonction du gap d'air
—— d_g =0mm, – – d_g =0.25mm, - - - d_g =0.5mm, ⋯⋯ d_g =1mm,
(a) Plan E (φ=0°) ; (b) Plan H (φ=90°)

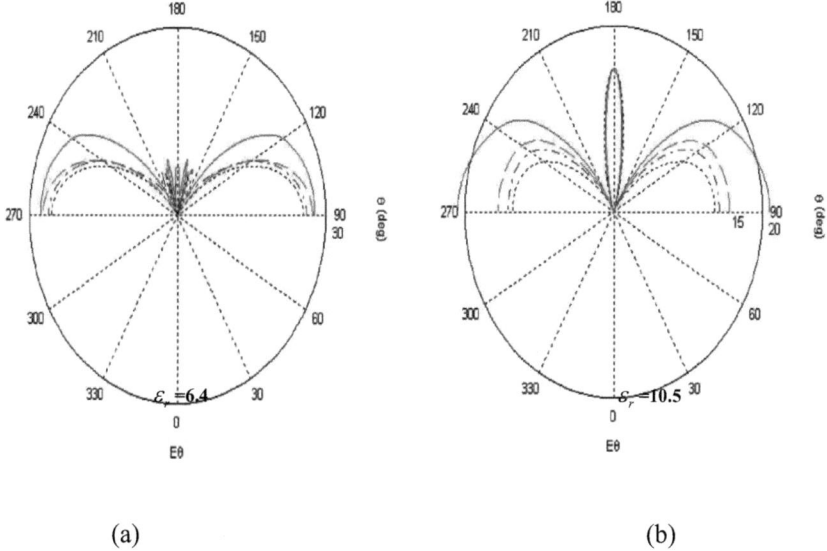

(a) (b)

Figure IV.28 : Diagramme de rayonnement dans le plan E autour de la résonance en fonction de θ, d'une antenne équitriangulaire tri-couches pour le mode TM_{10}, $d=0.795mm$, $w=10cm$ en fonction du gap d'air.

(a) $\varepsilon_r = 6.4$; (b) $\varepsilon_r = 10.5$

— $d_g = 0mm$, – $d_g = 0.25mm$, - - - $d_g = 0.5mm$, ······ $d_g = 1mm$,

IV-5 COMPARAISON ENTRE L'ANTENNE MICRORUBAN RECTANGULAIRE ET L'ANTENNE MICRORUBAN EQUITRIANGULAIRE

Ayant la même surface et dimensions du substrat, la fréquence de résonance de l'antenne microruban équitriangulaire sera comparée avec la fréquence de résonance de l'antenne microruban rectangulaire pour les trois cas de structures proposées dans cette étude, en testant l'effet de l'anisotropie uniaxiale du substrat et l'effet du gap d'air.

Nous prenons en considération les géométries illustrées par les figures (III.9.a) et (III.9.b)

IV-5-1 Comparaison entre les fréquences de résonances

La figure (IV.29) illustre la variation de la fréquence de résonance en fonction de l'épaisseur du substrat d'une antenne patch équitriangulaire de longueur latérale $w=3.17cm$ (de surface $S = 4.35cm^2$), et d'une antenne patch rectangulaire ayant la même surface ($b=1.9cm$ et $a=2.29cm$) pour trois types de diélectriques (Duroid, Plexiglas et Mylar).

Les courbes confirment que les fréquences de résonance de l'antenne patch équitriangulaire sont relativement supérieures aux fréquences de résonance de l'antenne rectangulaire quelque soit la nature du substrat.

La même remarque est observée dans le tableau (IV.6), pour deux antennes carrée et équitriangulaire avec la même surface $S = 1.32cm^2$. Nos résultats s'approchent beaucoup des résultats de [IV.13] pour le cas de l'antenne patch carrée.

$d(cm)$	Fr (GHz) patch carré [IV.13]	Fr (GHz) patch carré (Nos résultats) [IV.14]	Fr (GHz) patch triangulaire (Nos résultats) [IV.14]
0.10	4.734	4.730	4.7308
0.15	4.640	4.638	4.6585
0.20	4.541	4.632	4.6380
0.225	4.496	4.577	4.6341
0.25	4.457	4.520	4.6318

Tableau IV.6 : Résultats théoriques de la fréquence de résonance d'une antenne patch équitriangulaire comparée avec une antenne patch carrée pour : $W=1.75cm$, $\varepsilon_r=7.25$, $a=b=1.15cm$

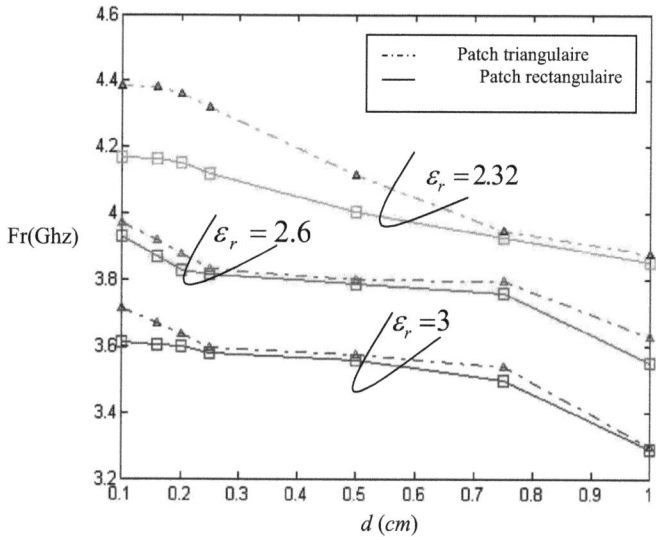

Figure IV.29: Variation de la fréquence de résonance en fonction de l'épaisseur du substrat pour le mode TM$_{10}$, b=1.9cm, a=2.29cm, w=3.17cm et ε_r = 2.32, 2.6, 3.

V-5-2 Effet du gap d'air et comparaison

Pour étudier l'effet du gap d'air sur les fréquences de résonance des deux antennes rectangulaire et triangulaire et les comparer, deux modèles ont été choisis. Le tableau (IV.7) regroupe des résultats des fréquences du mode fondamental d'une antenne bi-couches rectangulaire et une autre équitriangulaire avec gap inséré entre le diélectrique et le plan de masse, de dimensions (d=0.5mm, b=1.5cm, a=1cm, w=1.86cm, S = 1.5cm^2) pour différents substrats isotropes de permittivités ε_r = 2.32, ε_r = 2.6, et ε_r = 3, respectivement.

La figure (IV.30) représente la variation de la fréquence de résonance en fonction du gap d'air d'une antenne patch équitriangulaire et une autre de forme rectangulaire implantée sur un substrat isotrope tri-couches de dimensions (2d=1.5mm, b=2.29cm, a=1.9cm, w=3.17cm, S = 4.35cm^2) avec un gap d'air au milieu. Les courbes confirment de plus que les valeurs des fréquences correspondantes au patch triangulaire sont les plus élevées.

Généralement nous pouvons conclure dans ce cas que les fréquences de résonance de l'antenne patch rectangulaire sont les plus inférieures par rapport à celles de l'antenne équitriangulaire, mais toutes les deux augmentent avec l'augmentation du gap d'air et la permittivité équivalente.

ε_r	dg (mm)	Permittivité équivalente ε_{equi}	Fr (Ghz) Patch rectangulaire (Nos résultats) [IV.14]	Fr (GHz) Patch triangulaire (Nos résultats) [IV.14]
3	0.2	1.909	7.257	7.866
2.6	1	1.258	8.918	9.503
2.32	1.6	1.156	9.330	10.127

Tableau (IV.7) : Résultats théoriques de la fréquence de résonance d'une antenne patch équitriangulaire comparée avec une antenne patch rectangulaire bi-couches pour différentes épaisseurs du gap d'air.

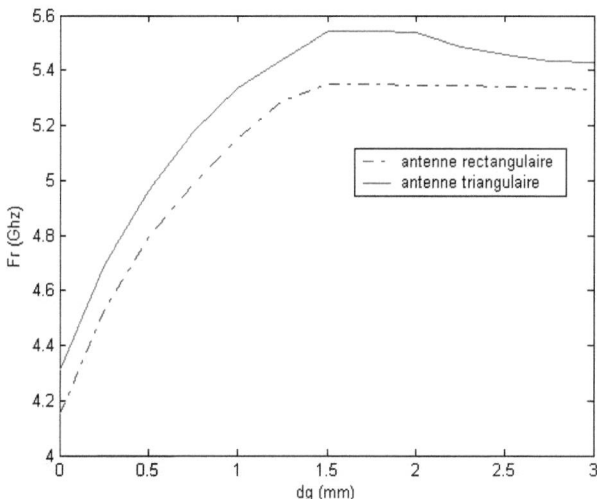

Figure IV.30: Variation de la fréquence de résonance en fonction de l'épaisseur du gap d'air des antennes équitriangulaire et rectangulaire tri-couches pour le mode TM$_{10}$, $\varepsilon_r = 2.32$.

IV-5-3 Effet de l'anisotropie uniaxiale du substrat et comparaison

On peut tirer les mêmes conclusions citées au paragraphe IV-2-3 concernant l'effet de l'anisotropie uniaxiale à partir des tableaux (IV.8) et (IV.9) pour les deux antennes patch rectangulaire et équitriangulaire ayant les mêmes surfaces et paramètres ($S = 1.5 cm^2$, $d=1.59mm$, $b=1.5cm$, $a=1cm$, $w=1.86cm$) pour le tableau (IV.8) et ($S = 4.35 cm^2$, $d=1.59mm$, $b=2.29cm$, $a=1.9cm$, $w=3.17cm$) pour le tableau (IV.9). L'anisotropie uniaxiale négative augmente légèrement la fréquence de résonance, alors que l'anisotropie positive la diminue pour les deux cas. Les résultats indiquent aussi que les valeurs des fréquences de l'antenne triangulaire sont légèrement plus importantes que celles de l'antenne rectangulaire.

Finalement, on peut conclure que pour les mêmes paramètres, l'antenne patch équitriangulaire possède les mêmes caractéristiques de rayonnement que l'antenne patch rectangulaire avec des différences dans les valeurs des fréquences de résonance.

type d'anisotropie	Permittivité relative ε_x	Permittivité relative ε_z	Fr (Ghz) Patch rectangulaire [IV.15]	Fr (Ghz) Patch triangulaire (Nos résultats) [IV.16]
Isotrope	2.35	2.35	8.6360	8.6680
Isotrope	7.0	7.0	5.2253	5.6486
Positive	1.88	2.35	8.5537	8.6036
Négative	2.82	2.35	8.7241	8.7252
Négative	8.4	7.0	5.2869	5.8825
Positive	5.6	7.0	5.1688	5.5502

Tableau IV.8 : Valeurs théoriques des fréquences de résonances pour le cas d'un substrat isotrope, anisotropie positive et anisotropie negative pour les antennes patch rectangulaire et équitriangulaire pour le mode TM_{10}.

ε_x	ε_z	Rapport d'anisotropie $AR = \varepsilon_x / \varepsilon_z$	Fr (Ghz)		
			Résultats de [IV.17] (patch rectangulaire)	Résultats de [IV.15] (patch rectangulaire)	Nos résultats [IV.16] (patch triangulaire)
2.32	2.32	1	4.123	4.121	4.1418
4.64	2.32	2	4.042	4.041	4.1344
2.32	1.16	2	5.476	6.451	5.8660
1.16	2.32	0.5	4.174	4.171	4.1963
2.32	4.64	0.5	3.032	3.028	3.0885

Tableau IV.9 : Valeurs théoriques des fréquences de résonances pour le cas d'un substrat isotrope, anisotropie positive et anisotropie negative pour les antennes patch rectangulaire et équitriangulaire pour le mode TM_{10}.

VI- 6 BIBLIOGRAPHIE

[IV.1] J.R.Mosig and F.Gardiol, "techniques analytiques et numériques dans l'analyse des antennes microruban", *ann.Telecommun*, 40, N° 7-8,pp 411-437, 1985.

[IV.2] F. Bouttout, "Analyse rigoureuse de l'antenne microbande circulaire multicouche, application a la structure annulaire", Thèse de Doctorat, université de SETIF, Avr 2001.

[IV.3] W.Chen, K.F.Lee, and S.Dahele, "Theoretical and experimental studies of the resonnant frequencies of the equilateral triangular microstrip antenna", *IEEE, Trans on Antennas and propag*, Vol 40, NO 10, PP 1253-1256, oct 1992.

[IV.4] A. Nachit, J.Foshi, "Spectral domain integral equation approach of an equilateral triangular microstrip antenna using the moment method", Journal of microwaves and optoelectronics, Vol 2, NO 1, Jun 2000.

[IV.5] L.Djouablia, A.Benghalia, "Caractérisation d'une antenne micro ruban de forme triangle équilatéral piégée, Effet de l'anisotropie uniaxiale ", Thèse de Magister,université de Constantine, Jui 2005.

[IV.6] J. Heelzajin and D.S.James, "Planar triangular resonators with magnetic walls", *IEEE Trans.microwave theory tech* ,vol. MTT-26,pp95-10, Fev 1978.

[IV.7] Xu Gang,"The resonnant frequencies of microstrip antennas", *IEEE, Trans on Antennas and propag*, Vol 37, PP 245-247, Fev 1989.

[IV.8] Cigdem Sekin Gurel, Erdem Yazgan, "New computation of the resonant frequency of a tunable equilateral triangular microstrip patch", *IEEE, Trans on microstrip theory and techniques*, Vol 48, NO 3, Mar 2000.

[IV.9] J.R.James and P.S.Hall, "Hand book of microstrip antennas", *IEE* ElectromagneticWaves series; 28, UK, 1989.

[IV.10] K.F.Lee, K.M.Luk and J.S.Dahele, "Caracteristics of the equilateral triangular patch antenna", *IEEE Trans, Antenna propagat*, Vol 36, No 11, pp 1510-1518, Nov 1988.

[IV.11] W.Barkat et A.benghalia, "Etude de l'effet conjugué de l'anisotropie uniaxiale du substrat et du superstrat sur les caractéristiques d'un patch micro-bande de forme annulaire", Science et technologie B, No 24, PP 13-19, Dec 2005.

[IV.12] D. Guha and J. Y. Siddiqui, "Resonant frequency of equilateral triangular microstripantenna with and without air gap", *IEEE Trans. Antennas Propagat*, vol. 52, no. 8, pp 2174-2177, Aou 2004.

[IV.13] Chew. W.C and Liu. Q, "Resonance frequency of a rectangular microstrip patch", *IEEE Trans. Antennas Propagat.*,vol. AP-36,pp.1054-1056, Auo 1988.

[IV.14] L.Djouablia, C.Aissaoui and A.Benghalia, "Resonant Frequency of a Rectangular and an Equitriangular Tunable Microstrip Antennas and Comparison", AES 2012 proceeding, France, Avr 2012.

[IV.15] A. Boufrioua, "Analysis of a rectangular microstrip antenna on a uniaxial substrate", Chapter 2, in the Book entitled, Microstip Antennas, Editor: Nasimuddin, In Tech Publishers, pp 27-42, 2011, Croatia.

[IV.16] L.Djouablia, I.Messaoudene and A.Benghalia, "Uniaxial Anisotropic Substrate Effects on the Resonance of an Equitriangular Microstrip Patch Antenna", Progress In Electromagnetics Research M, Vol. 24, PP 45-56, Mar 2012.

[IV.17] F. Bouttout, F. Benabdelaziz, A. Benghalia, D. Khedrouche, & T. Fortaki, "UniaxiallyAnisotropic Substrate Effects on Resonance of Rectangular Microstrip Patch Antenna", Electronics Letters, Vol. 35, No. 4, pp 255-256, Feb 1999.

Annexex

LA METHODE DE MULLER

Il existe plusieurs méthodes de résolution pour trouver les racines de l'équation $f(x)=0$, mais si cette équation est complexe, la méthode de Muller est considérée parmi les meilleures méthodes de résolutions. C'est une méthode itérative basée sur le principe de commencer par estimer les trois premières valeurs pour substituer après plusieurs itérations la racine exacte. La formulation mathématique de cette méthode est donnée par :

Si nous avons : $$f(x) = P_n(x) = \sum_{j=0}^{n} a_j x^j$$

Nous aurons donc : $$x^{(j+1)} = x^{(j)} + h^{(j)} * q^{(j+1)}$$

Avec : $$h^{(j-1)} = x^{(j-1)} - x^{(j-2)}$$

Et : $$q^{(j)} = \frac{x^{(j)} - x^{(j-1)}}{x^{(j-1)} - x^{(j-2)}}$$

$$q^0 = \frac{h^{(j)}}{h^{(j-1)}}$$

$$A^{(j)} = q^j * f^{(j)} - q^{(j)} * (1 + q^{(j)}) * f^{(j-1)} + (q^{(j)})^2 * f^{(j-2)}$$

$$B^{(j)} = (2 * q^{(j+1)}) * f^{(j)} - (1 + q^{(j)})^2 * f^{(j-1)} + (q^{(j)})^2 * f^{(j-2)}$$

$$C^{(j)} = (1 + q^{(j)}) * f^{(j)}$$

La racine est donc : $$x^{(j)} = \frac{x^{(j-1)} - (x^{(j-1)} - x^{(j-2)}) * 2 * C^{(j)}}{B^{(j)} \pm \sqrt{(B^{(j)})^2 - 4 * A^{(j)} * C^{(j)}}}$$

Dans notre cas nous avons :

$f^{(j)}$=DET2

$f^{(j-1)}$=DET1

$f^{(j-2)}$=DET0

LA METHODE DES TRAPEZES

Dans la plupart des cas, les fonctions analytiques, du fait de leurs complexités, ne sont pas intégrables analytiquement. Dans d'autres cas, on a des fonctions qui sont évaluées numériquement en différents points de l'intervalle où ces dernières sont données, et l'intégrale de ces types de fonctions ne peut être obtenue que par des approches numériques, parmis ces approches nous citons : la méthode Simpson, la méthode Newton-Cotes, la méthode de Gauss et la méthode des trapèzes.

Nous avons choisi d'utiliser la méthode des trapèzes pour calculer les intégrales, vu sa simplicité, et sa convergence, elle est formulée par :

Soit $f(x)$ la fonction à intégrer sur $[a,b]$. L'intégrale I de $f(x)$ s'écrit en utilisant la méthode des trapèzes :

$$I = \int_a^b f(x).dx = \frac{h}{2}.(f_1 + 2.f_2 + 2.f_3 + \ldots + 2.f_i + \ldots + 2.f_n + 2.f_{n+1}) + E$$

$$= \frac{h}{2}.\left(f(x_1) + f(x_{n+1}) + 2.\sum_{i=2}^{n} f(x_i) \right) + E$$

où $h = \frac{b-a}{n}$; $x_i = a + (i-1)h$; $f_i = f(x_i)$ et $i = 1, 2, 3, \ldots, n, n+1$.

Le terme représentant l'erreur est : :

$$E \approx -\frac{(b-a)}{12}.h^2 \overline{f''} \approx -\frac{(b-a)}{12.n^2} \overline{f''}$$

$\overline{f''}$ est la moyenne de $f''(x)$ sur l'intervalle $[a,b]$. L'erreur E est inversement proportionnelle à la valeur de n^2.

NOTATIONS MATHEMATIQUES ET CONVENTIONS UTILISEES

Dans l'ensemble de cet oeuvre, on fait usage des grandeurs électromagnétiques et des symboles recommandés par la CEI (commission électrotechnique nationale). Cependant, certaines notations ont été introduites dans les calculs dont :

▶ En vue d'éviter des confusions avec les coordonnées cylindriques ρ, les densités de charge volumiques, surfaciques et linéiques sont toujours suivies d'indice (ρ_v, ρ_s, ρ_l).

▶ L'opérateur Laplacien est dénoté ∇^2, le symbole Δ étant réservé à d'autres usages. On a par ailleurs la notation $\nabla f = \text{grad} f$, $\nabla . \vec{A} = \text{div} \vec{A}$, $\nabla \times \vec{A} = \text{rot} \vec{A}$.

▶ Les produits scalaires et vectoriels de deux vecteurs sont indiqués par $\vec{A}.\vec{B}$ et $\vec{A} \times \vec{B}$. La juxtaposition $\vec{A}\vec{B}$ indique un produit externe de deux vecteurs ou dyades. Ces dyades sont dénotés par un double trait au dessus du symbole correspondant. Une composante scalaire générique de la dyade $\overline{\overline{A}}$ est représentée par A^{ij}.

▶ Les fonctions de Green reliant une source $\vec{r}'$ à un observateur en $\vec{r}$ sont exprimées comme $\overline{\overline{G}}(\vec{r}/\vec{r}')$. La notation $G^{ij}(\vec{r}/\vec{r}')$ indique que la source (extrémité de $\vec{r}'$) se trouve dans le domaine j et l'observateur (extrémité de $\vec{r}$) dans le domaine i.

▶ Les fonctions de Dirac à trois et deux dimensions sont, respectivement, $\delta(\vec{r}-\vec{r}')$ et $\delta(\vec{\rho}-\vec{\rho}')$. Le vecteur de position dans le plan z=0 est représenté par $\vec{\rho}$.

METHODE DE L'ELEMENT DE REFERENCE

La transformée de Fourier des densités de courant J_x, J_y est données par :

$$\tilde{J}_x = [\sqrt{3}l \int\int_{-\infty}^{+\infty} \sin(\frac{2\pi lx}{\sqrt{3}a}) * \cos(\frac{2\pi(m-n)y}{3a}) * \exp^{-i(K_x x + K_y y)} dxdy] +$$

$$[\sqrt{3}m \int\int_{-\infty}^{+\infty} \sin(\frac{2\pi mx}{\sqrt{3}a}) * \cos(\frac{2\pi(n-l)y}{3a}) * \exp^{-i(K_x x + K_y y)} dxdy] +$$

$$[\sqrt{3}n \int\int_{-\infty}^{+\infty} \sin(\frac{2\pi nx}{\sqrt{3}a}) * \cos(\frac{2\pi(l-m)y}{3a}) * \exp^{-i(K_x x + K_y y)} dxdy]$$

$$\tilde{J}_y = [(m-n) \int\int_{-\infty}^{+\infty} \cos(\frac{2\pi lx}{\sqrt{3}a}) * \sin(\frac{2\pi(m-n)y}{3a}) * \exp^{-i(K_x x + K_y y)} dxdy] +$$

$$[(n-l) \int\int_{-\infty}^{+\infty} \cos(\frac{2\pi mx}{\sqrt{3}a}) * \sin(\frac{2\pi(n-l)y}{3a}) * \exp^{-i(K_x x + K_y y)} dxdy] +$$

$$[(l-m) \int\int_{-\infty}^{+\infty} \cos(\frac{2\pi nx}{\sqrt{3}a}) * \sin(\frac{2\pi(l-m)y}{3a}) * \exp^{-i(K_x x + K_y y)} dxdy]$$

Dans notre cas le courant existe sur le patch triangulaire seulement, les bornes d'intégration sont limitées donc par ce dernier. Vu la complexité de la géométrie du patch et pour facilité l'intégration, nous avons choisi une méthode de calcul mathématique analytique appelé 'Méthode de L'élément de Référence'.
L'utilisation d'un élément de référence permet la simplification:

- de la définition analytique d'éléments de forme complexe.
- du calcul des formes matricielles élémentaires résultant d'une intégration.

L'élément de référence est alors choisi pour sa topologie 'simple' sur laquelle les fonctions d'approximation peuvent être simplifiées.

La formule exprimant cette méthode est donnée par [20], [21] [22] et [23] :

$$\iint_{(\Delta)} f(x,y) dxdy = \iint_{(\Delta')} f(x(\xi,\eta), y(\xi,\eta)) |\det(f)| d\xi d\eta$$

Dans notre cas le domaine (Δ) est le triangle équilatéral défini dans un repère cartésien comme le montre la figure ci-dessous :

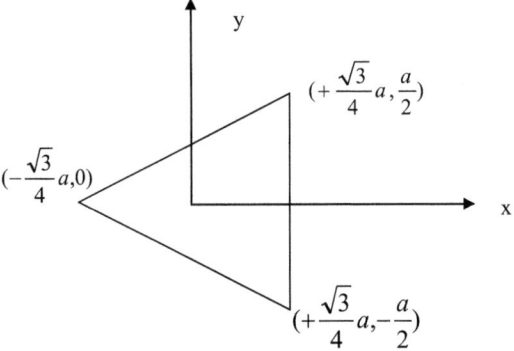

Le domaine de référence (Δ') est représenté par la figure ci-dessous, la méthode consiste à ramener la forme complexe à un e forme plus simple et facile à intégrer en faisant un changement de variable et en appliquant la formule donnée par [20], [21] [22] et [23]:

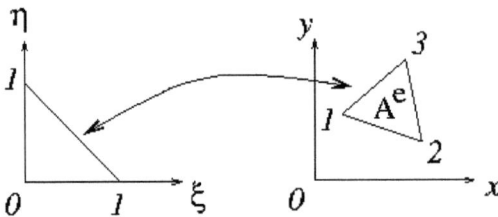

Après calcul et évaluation des intégrales nous trouvons :

$$\det f = -\frac{\sqrt{3}}{2}a^2$$

'a' est la longueur latérale du patch.

Et :

$$J_x = I_{1x} + I_{2x} + I_{3x}$$
$$J_y = I_{1y} + I_{2y} + I_{3y}$$

Avec :

$$I_{1x} = \frac{\sqrt{3}l}{4i}(I_{11x} + I_{12x} - I_{13x} - I_{14x})$$
$$I_{2x} = \frac{\sqrt{3}m}{4i}(I_{21x} + I_{22x} - I_{23x} - I_{24x})$$
$$I_{3x} = \frac{\sqrt{3}n}{4i}(I_{31x} + I_{32x} - I_{33x} - I_{34x})$$

Et :

$$I_{1y} = \frac{m-n}{4i}(I_{11y} + I_{12y} - I_{13y} - I_{14y})$$
$$I_{2y} = \frac{n-l}{4i}(I_{21y} + I_{22y} - I_{23y} - I_{24y})$$
$$I_{3y} = \frac{l-m}{4i}(I_{31y} + I_{32y} - I_{33y} - I_{34y})$$

Nous trouvons après calcul les expressions suivantes :

$$I_{vwx} = I_{vwy} = U_{vw}[\sin c(aK_y + Y_{vw}) - \frac{i\cos(aK_y + Y_{vw})}{aK_y + Y_{vw}} + \frac{i}{aK_y + Y_{vw}}]*$$

$$[\sin c(\frac{\sqrt{3}}{2}aK_x + \frac{a}{2}K_y + X_{vw}) - \frac{i\cos(\frac{\sqrt{3}}{2}aK_x + \frac{a}{2}K_y + X_{vw})}{\frac{\sqrt{3}}{2}aK_x + \frac{a}{2}K_y + X_{vw}} + \frac{i}{\frac{\sqrt{3}}{2}aK_x + \frac{a}{2}K_y + X_{vw}}]$$

Avec :

$$U_{vw} = \frac{\sqrt{3}}{2}a^2 e^{-i(\frac{\sqrt{3}}{2}aK_x + \frac{a}{2}K_y)} e^{-iX_{vw}}$$

Les paramètres X_{vw}, Y_{vw} sont exprimés par :

$$X_{vw} = \begin{bmatrix} \dfrac{-\sqrt{3}}{4}a\alpha - \dfrac{a}{2}\beta & \dfrac{-\sqrt{3}}{4}a\alpha + \dfrac{a}{2}\beta & \dfrac{\sqrt{3}}{4}a\alpha - \dfrac{a}{2}\beta & \dfrac{\sqrt{3}}{4}a\alpha + \dfrac{a}{2}\beta \\ \dfrac{-\sqrt{3}}{4}a\alpha' - \dfrac{a}{2}\beta' & \dfrac{-\sqrt{3}}{4}a\alpha' + \dfrac{a}{2}\beta' & \dfrac{\sqrt{3}}{4}a\alpha' - \dfrac{a}{2}\beta' & \dfrac{\sqrt{3}}{4}a\alpha' + \dfrac{a}{2}\beta' \\ \dfrac{-\sqrt{3}}{4}a\alpha'' - \dfrac{a}{2}\beta'' & \dfrac{-\sqrt{3}}{4}a\alpha'' + \dfrac{a}{2}\beta'' & \dfrac{\sqrt{3}}{4}a\alpha'' - \dfrac{a}{2}\beta'' & \dfrac{\sqrt{3}}{4}a\alpha'' + \dfrac{a}{2}\beta'' \end{bmatrix}$$

$$Y_{vw} = \begin{bmatrix} -a\beta & a\beta & -a\beta & a\beta \\ -a\beta' & a\beta' & -a\beta' & a\beta' \\ -a\beta'' & a\beta'' & -a\beta'' & a\beta'' \end{bmatrix}$$

Et les paramètres $\alpha, \beta, \alpha', \beta', \alpha'', \beta''$ sont donnés les expressions suivantes :

$$\alpha = \frac{2\pi l}{\sqrt{3}a}, \beta = \frac{2\pi(m-n)}{3a}$$

$$\alpha' = \frac{2\pi m}{\sqrt{3}a}, \beta' = \frac{2\pi(n-l)}{3a}$$

$$\alpha'' = \frac{2\pi n}{\sqrt{3}a}, \beta'' = \frac{2\pi(l-m)}{3a}$$

Oui, je veux morebooks!

i want morebooks!

Buy your books fast and straightforward online - at one of world's fastest growing online book stores! Environmentally sound due to Print-on-Demand technologies.

Buy your books online at
www.get-morebooks.com

Achetez vos livres en ligne, vite et bien, sur l'une des librairies en ligne les plus performantes au monde!
En protégeant nos ressources et notre environnement grâce à l'impression à la demande.

La librairie en ligne pour acheter plus vite
www.morebooks.fr

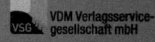

VDM Verlagsservicegesellschaft mbH
Heinrich-Böcking-Str. 6-8   Telefon: +49 681 3720 174   info@vdm-vsg.de
D - 66121 Saarbrücken   Telefax: +49 681 3720 1749   www.vdm-vsg.de

Printed by Books on Demand GmbH, Norderstedt / Germany